So schön kann Landwirtschaft sein

Herausgegeben von Ernst Wirthensohn

mit Texten von Sabine Eichhorst und Friederike Grözinger

Fotos von Anna Feneberg

VonHier – ein Allgäuer Modell für die Regionen Europas

Für einen Visionär.
Für einen klugen Strategen.
Für einen echten Allgäuer Sturkopf.

Dieses Buch widme ich Herrn Hannes Feneberg, dem Geschäftsführer der Feneberg Lebensmittel GmbH. Ohne ihn hätte ich wohl noch lange vom Ideal einer bäuerlich-partnerschaftlichen Landwirtschaft im Einklang mit unserer Gesellschaft geträumt – mit ihm konnte ich die Ideen einfach umsetzen.
Nur das Wissen um die Landwirtschaft, gepaart mit dem Know-how des Lebensmittelhandels, und viel persönliches Engagement haben das VonHier-Modell möglich gemacht. Ein Grund für den Erfolg war auch unser beider Interesse an einer lebendigen bäuerlichen Landwirtschaft in unserer Region und Heimat.

Ein herzliches Dankeschön für diese außergewöhnliche Zusammenarbeit.

Ernst Wirthensohn

So schön kann Landwirtschaft sein

Herausgegeben von Ernst Wirthensohn

mit Texten von Sabine Eichhorst und Friederike Grözinger

Fotos von Anna Feneberg

VonHier – ein Allgäuer Modell für die Regionen Europas

Vorwort

Es rechnet sich für alle

Nachhaltiges und innovatives Wirtschaften

Umwelt und Natur schützen

Tiere artgerecht halten

Traditionelle Kulturpflanzen sichern

Heimat leben

Liebe Leserin, lieber Leser,

ist es kühn, von einer Landwirtschaft zu träumen, die gesunde Lebensmittel erzeugt und unsere Landschaft bereichert? Eine Landwirtschaft, die die Bedürfnisse von Mensch, Tier und Umwelt achtet und im Einklang mit den Wertvorstellungen unserer Gesellschaft steht? Eine große Hoffnung ist wahr geworden: Seit fast zwanzig Jahren gibt es ein solches Modell zukunftsweisender Landwirtschaft im schwäbisch-bayerischen Raum. Ein Modell, das beispielhaft funktioniert und deutschlandweit, ja in ganz Europa, Vorbild sein kann. Es wird getragen von Landwirten, Verarbeitungsbetrieben, Handel und Konsumenten. Es entwickelt sich kontinuierlich weiter und funktioniert so selbstverständlich, dass immer mehr Menschen mitmachen.

Da sind zum einen unsere Landwirtinnen und Landwirte: Sie möchten naturnah arbeiten, wie sie es seit Generationen tun. Am Puls der Zeit, ja, aber eben auch intuitiv, im Rhythmus der Natur, der Tiere und Jahreszeiten – und vor allem so, dass sie ihren Hof, ihre Arbeits- und Lebensgrundlage, mit einem guten Gefühl an die nächste Generation weitergeben können. Wir haben das große Glück, dass es diese Landwirte noch gibt: Betriebsleiterinnen und Betriebsleiter, die ihre Zukunft nicht im „immer mehr und immer schneller" der heutigen Zeit sehen, Bauern und Bäuerinnen, die Alternativen suchen und ausgetretene Pfade verlassen. Doch es muss sich für sie rechnen. Auch ihr Betrieb, ihr Hof, muss wirtschaftlich sein.

Daneben haben wir die Verbraucherinnen und Verbraucher: kritische Konsumenten, die wissen wollen, wo ihre Lebensmittel herkommen und wie sie erzeugt werden. Viele sind verunsichert, weil die negativen Berichte über die Landwirtschaft nicht abreißen. Lebensmittelskandale, Intensivtierhaltung, belastete Böden und der Verlust an Artenreichtum sind nur einige Punkte, die den Menschen Sorgen bereiten. Ganz zu schweigen von den sozialen, ökologischen und ökonomischen Folgen, die die Globalisierung von Rohstoffeinkauf, Verarbeitung und Handel mit sich bringen. Etwa jeder zweite Deutsche – das zeigen aktuelle Umfragen – möchte lieber regional einkaufen.

Als Dritte im Bund gibt es Hersteller und Handel: engagierte Unternehmen, die genau solche Trends aufspüren und darauf eingehen. Sie lassen sich nicht allein vom Markt leiten, sondern ebenso von ihrer unternehmerischen Verantwortung – und von der Lust am Neuen. Seien es Querköpfe oder Pragmatiker, ihr Antrieb eint sie: Sie wollen etwas für ihre Heimat tun. Sie möchten nachhaltig wirken und schauen mit Weitblick auf die Konsequenzen, die ihr Handeln hat. Ja, zum Glück gibt es auch sie noch: Entscheiderinnen und Entscheider, die Visionen haben und dafür einstehen, die Risiken auf sich nehmen und sich nicht von schnellen Gewinnen leiten lassen.

Das Projekt, das wir gemeinsam aufgebaut haben, funktioniert im Prinzip ganz einfach: Die Bauern erzeugen gute Lebensmittel, die Hersteller verarbeiten sie, der Handel bringt sie in die Regale und die Kunden kaufen sie. Das alles passiert innerhalb unserer Region. Und zwar so, dass es sich für alle rechnet: für die Kunden, die Unternehmen und die Bauern. Mit VonHier – so heißt unsere Biomarke – ist etwas Besonderes entstanden. Ein Modell, das grundsolide funktioniert und allen Beteiligten Freude bereitet.

Wie, das möchte ich Ihnen mit diesem Buch zeigen. Ich möchte Ihnen einen regionalen Entwicklungsimpuls vorstellen, der so ganz anders ist als das, was Sie kennen: eine Alternative voller Vielfalt und Leben, ermutigend und inspirierend. Folgen Sie mir in unsere schwäbisch-bayerische Heimat, zu Landwirten und Unternehmen, die Sie überraschen werden – und die mit ihrem Beispiel die Lust wecken, gängige Dogmen zu hinterfragen und selbst kreativ zu werden.

Ernst Wirthensohn
Buchenberg im September 2018

P.S.: Leider kann dieses Buch von den über 600 vertraglich involvierten Bauernhöfen und den mehr als 40 Verarbeitungsbetrieben nur eine kleine Auswahl vorstellen.

Ein Kleiner ganz groß

Ausgewogenes Bauernleben dank guter Ideen

Als Maria und Josef Heinle beschlossen, einen neuen Stall zu bauen, war die Skepsis groß. Die Straße verlegen? Stromleitungen verlegen? Eine hundertvierzig Jahre alte Esche, aus deren Stamm im Lauf der Zeit sieben weitere Bäume gewachsen waren, fällen? Wegen dreißig Kühen?

„Alles schien gegen uns zu sein." Maria Heinle seufzt. „Die Nachbarn schüttelten die Köpfe, weil wir so große Pläne hatten, wo wir doch so ein kleiner Betrieb sind."

Zur Jahrtausendwende hatten Heinles den Hof in Moos, seit vier Generationen in Familienbesitz, übernommen und auf bio umgestellt. Nun wollten sie ihn für die Zukunft rüsten. Dabei setzten sie nicht auf Wachstum, sondern auf Lebensqualität: Sie wollten ihren Betrieb jederzeit zu zweit bewirtschaften können, dabei ein gutes Einkommen erzielen und trotzdem ausreichend Zeit für sich und ihre Kinder haben, für Hobbys und Urlaub. Sie beschlossen, das alte Bauernhaus von 1734, längst feucht und marode, abzureißen und an die Stelle einen modernen Boxenlaufstall zu bauen – mit großzügigen Laufflächen, bequemen Liegeboxen, breitem Futtertisch, gutem Stallklima.

Ein wohldurchdachter Plan.

Doch die Skepsis blieb. „Beim Amt hieß es sogar, wir müssten sämtliche Straßen- und Kabelarbeiten selbst bezahlen." Wieder seufzt Maria Heinle, ein wenig tiefer noch. „Wahrscheinlich hoffte man, dann gibt's eine Ruh."

Stattdessen fuhr am 2. November 2012 der Bagger vor.

Heinles sagen, ihr Hof soll schön sein. Deshalb haben sie die Wirtschaftsgebäude in die alte Bausubstanz integriert, das Wohnhaus heimattypisch neu gebaut und heimische Materialien verwendet. Als Heumilchbauern pflegen und erhalten sie artenreiche Wiesen.

Vier Jahre später, an einem klaren Herbstmorgen, schiebt Josef Heinle Heu über den Futtertisch. „Heute kann ich viel mehr Futter herrichten, weil der Gang breiter ist." Hoch über seinem Kopf flattern Schwalben. Der Großteil der Herde – Allgäuer Braunvieh – ist auf der Weide, doch ein paar einzelne Kühe kommen näher, schieben die Köpfe vor, rupfen Heu aus den Haufen. 300 Quadratmeter misst der neue Stall, 10 Quadratmeter pro Kuh, es gibt eine Heubergehalle mit energiearmem Belüftungssystem und modernem Heukran mit Teleskoparm und Greifer. „Bei den Mengen, die Kühe fressen, spart das viel Zeit." Heinle richtet sich auf und wischt sich durchs Gesicht.

„Früher konnten wir auch nicht zehn Wagen Heu nacheinander einfahren." Seine Frau zieht die Strickjacke fester um ihre Schultern. „Das haben wir händisch gar nicht geschafft. Wir sind ja bloß zu zweit, mit vier Kindern und Oma und Opa." Hinter den beiden lässt sich eine Kuh in ihrer Hochbox nieder und irgendwo aus der Tiefe des Stalls ertönt ein durchdringendes Muhen.

Die Heinles produzieren heute Heumilch. Im Sommer fressen ihre Rinder frisches Gras und Kräuter, im Winter bekommen sie selbst erzeugtes Heu. Gräser und Kräuter geben der Heumilch ihren besonderen Geschmack. Im Vergleich zu herkömmlicher Milch enthält sie außerdem weniger Clostridien, Listerien und Bazillen und ist reich an ungesättigten Fettsäuren, vor allem Omega-3-Fettsäuren, die der Körper nicht selbst produzieren kann und darum mit der Nahrung aufnehmen muss. Auch Käsemeister schätzen Heumilch, weil sie bei der Käseherstellung auf Konservierungsstoffe verzichten können, denn anders als Silagemilch enthält Heumilch keine Mikroorganismen, die den Reifeprozess beeinflussen. Auf Silage verzichten die Heinles ebenso wie auf Antibiotika oder den Einsatz von Gentechnik, entsprechend den Verbandsvorschriften und dem EU-Heumilchregulativ. Die extensive Bewirtschaftung ihrer Wiesen schont zudem die Umwelt und hilft, die Artenvielfalt zu erhalten. Bis Mitte des 20. Jahrhunderts war diese ursprüngliche Art der Milchviehwirtschaft weit verbreitet, mit dem Aufkommen von Silage wurde sie unwirtschaftlich.

40507

Die Kinder der Heinles erfahren Landwirtschaft als erfüllenden Beruf. Da ist es kein Wunder, dass der Nachwuchs sich schon für die moderne Technik im Melkstand interessiert, viel ausprobiert und überhaupt gern überall dabei ist.

Käsemanufaktur Allgäu

- Standort Kimratshofen (Gemeinde Altusried, Landkreis Oberallgäu)
- gegründet 2013, Zweigbetrieb der Allmikäs e.G.
- Geschäftsführer: eidgenössisch diplomierter Käsemeister Peter Romer, 5 Mitarbeiter
- Verarbeitung: tagesfrisch, täglich etwa 14.000 Liter
- Milchlieferanten: 36 Familienbetriebe aus dem Allgäuer Raum (Stand 2016)
- reine Biokäserei, spezialisiert auf Bioheumilch und Bergbauernmilch
- Produkte: über 20 Sorten Biokäse, z.B. Bierkäse, Bärlauchkäse, Kürbiskernkäse, Gute-Laune-Käse, Chilikäse, Almblumenkäse, Wiesenkäse
- Abnehmer der Käsespezialitäten: Feneberg Lebensmittel GmbH für die Marke VonHier und die Ökologische Molkereien GmbH ÖMA

„Als wir uns neu aufgestellt haben, wollten wir nicht nur einen Biobetrieb führen.“ Mit Schwung gabelt Josef Heinle eine weitere Ladung Heu auf den Futtertisch. „Wir wollten auch ein Stück weiter zurück zur Natur. Wir haben …“ Er blinzelt und in seinen Augen blitzt es. „Wir haben auch ein bissle eine Herausforderung gesucht. Die Arbeit soll schließlich Spaß machen.“ Er lacht, stützt die Hände auf den Stiel seiner Heugabel – und dann erzählt er die Geschichte von seinem Onkel:

Der Heinle Ludwig wurde 1930 in Moos geboren und führte später in Altusried einen eigenen Hof. 1974, im selben Jahr, als die BRD Fußballweltmeister wurde und in Bonn Helmut Schmidt Willy Brandt als Kanzler ablöste, brachte er zum ersten Mal keinen Kunstdünger mehr auf seinen Äckern und Wiesen aus. Ein entrüsteter Münchner Zahnarzt, zu Besuch im Allgäu, hatte ihn nämlich, als er gerade auf seinem Traktor hockte und düngte, gefragt, ob er eigentlich wisse, dass es auch eine andere Art der Landwirtschaft gebe?

Lass mich in Ruh mit deinem Schmarrn, hatte der Heinle Ludwig bloß gedacht und war weitergetreckert. Als der Zahnarzt ihm später einen Brief schickte mit einem Artikel darin von Rudolf Steiner, dem österreichischen Anthroposophen, und Hans Müller, dem Schweizer Biologen und Ökopionier, kam er jedoch ins Nachdenken. Und probierte es schließlich selbst aus: Er verzichtete auf Kunstdünger, hielt dem Gelächter der anderen Bauern stand, ließ sich als Hinterwäldler verspotten – und als seine Weiden ganz ohne Kunstdünger genauso grün waren wie die der anderen, als nirgendwo der Ampfer wucherte und Heinles Kühe munter fraßen und wiederkäuten und kein bisschen weniger Milch gaben als sonst, da war er es, der lachte. Und die anderen kamen ins Nachdenken.

Heute gilt Ludwig Heinle als Wegbereiter des Biolandbaus im Allgäu und Josef Heinle fühlt sich der Familientradition verbunden. „Vor dem Umbau haben wir auch Silage gefüttert", sagt er. „Silage ist praktisch und bequem, aber eben nicht so gesund."

Seine Frau verzieht die Nase. „Und sie stinkt."

Heinle lacht und zuckt mit der Schulter, als wolle er sagen: Wo sie recht hat … Dann stellt er die Heugabel beiseite. Er ist einer, der gern lacht – und zugleich den Dingen mit profundem Ernst begegnet. Einer, der Risiken prüft, kein Hasardeur. Einer, der gründlich nachdenkt – und dann zu seiner Entscheidung steht. „Die Verbraucher wollen keine Gentechnik", sagt er, „und sie schätzen hochwertige Heumilchprodukte in Bioqualität."

Ein Fortschritt also – durch Rückschritt?

„Sowohl als auch! Dem Vieh tut es ja auch gut, wenn wir es mit Heu füttern." Kühe, die Heu statt Silo fräßen, litten seltener unter Blähungen und Krankheiten wie Weidetetanie oder Azidose, ihre Pansen seien besser ausgebildet. Heu erhöhe die Grundfutterleistung und verliere bei der Lagerung weniger Nährstoffe. Außerdem seien der Maschinenaufwand bei der Herstellung und die Gefahr der Schimmelbildung bei der Lagerung geringer.

„Es zahlt sich aus, dass unsere Herde kein Silo mehr frisst", bestätigt Maria Heinle. Neben ihr schüttelt Nanni ihren mächtigen Kopf – und für einen Moment fliegen Strohhalme und Sägemehl durch die Luft, tanzen leuchtend im Gegenlicht. Maria Heinle streicht Nanni über die Stirn. „Für die Arbeit, die wir in unsere Tiere investieren, bekommen wir viel zurück."

Von draußen bläst kühler Wind in den Stall. Eine Gruppe Rinder drängt durchs Tor, aus ihren Nüstern bläht warmer Atem. Im selben Moment springt ein Motor an: Gunda, ein ausgewachsenes 600-Kilo-Rindvieh, schmiegt sich unter eine rotierende Bürste – hält kurz inne, reckt die Hüfte, drückt sie gegen die Borsten, fast sieht es aus, als tänzle sie, dann lässt sie sich den Rücken schrubben. „Das Tierwohl liegt uns einfach am Herzen", sagen die Heinles und wie zur Bestätigung fährt sich Gunda mit der Zunge übers Maul und schließt genießerisch die Augen.

Warum halten die Heinles Allgäuer Braunvieh und keine Schwarz-Bunten?

„Schwarz-Bunte bringen eine höhere Milchleistung. Aber für uns Biobauern ist es wichtig, dass unsere Tiere genügsam, gesund und langlebig sind, dass sie möglichst viel Grundfutter, also Gras und Heu, aufnehmen und wenig Kraftfutter brauchen." Er legt den Kopf auf die Seite und einen Moment sieht es aus, als denke er nach. Dann schüttelt er den Kopf. „Meine Eltern hatten schon Braunvieh und ich werd's auch nicht umstellen."

Dann wischt Josef Heinle sich die Hände an den Hosen ab und stapft durch den Stall. Wirft im Vorbeigehen einen Blick auf die Nachzucht in den Kälberboxen und bleibt schließlich vor dem Melkstand stehen. Bis vor drei Jahren wurde per Absauganlage gemolken – heute melken die Heinles in einem Doppel-Fünfer-Melkstand zehn Kühe gleichzeitig. „Die erste Kuh läuft vor, die anderen folgen ihr. Anfangs hab ich's mit ihnen geübt, aber sie haben schnell gelernt, wie's geht, Kühe sind Gewohnheitstiere." Eintreiben, Euter reinigen, vormelken, anrüsten – der Rest läuft dann automatisch, und sobald ein bestimmter Milchfluss unterschritten wird, zieht die Abnahmeautomatik das Melkzeug wieder vom Euter. Dauerte das Melken früher zwei Mal täglich eineinhalb Stunden, ist es nun in jeweils einer halben Stunde erledigt.

„In der Früh helfe ich", sagt Maria Heinle, „und während der Josef noch füttert und die Kälber tränkt, wecke ich schon die Kinder." Bis Teresa, Raphael, Simon und Martin zur Schule müssen, bleibt der Familie Zeit für ein gemeinsames Frühstück.

„So vieles", sagen Maria und Josef Heinle, „geht heute viel leichter und schneller. Es ist ein ganz anderes Arbeiten."

Viel mehr als ein Hobby: Honig und Bienen passen zu jedem Bauernhof. Bei Heinles gehören sie zur Vielfalt, die ein Erlebnisbauernhof bietet.

Wie hält man Hausziegen? Und warum? Heinles haben Freude daran, Kinder und Erwachsene durch ihren Betrieb zu führen und ihnen ihre Arbeit vorzustellen.

Später sitzt Josef Heinle vor dem Laptop, vor sich Fotos von Kränen, Betonmischern, Rüttelmaschinen, Betonpumpen, Schutthaufen. Über Monate war der Hof eine Großbaustelle, haben die Heinles von fünf Uhr früh bis abends um zehn das Vieh gefüttert, gemistet und gemolken, Fundamente ausgehoben, Kanäle geschaufelt, altes Baumaterial geschreddert, gemauert, gemalert. Stück für Stück trugen sie das alte Gebäude ab und bauten ein neues, während wenige Meter entfernt, durch Folienbahnen abgeschirmt, ihre Kühe standen. „Denen ist nichts passiert", sagt Josef Heinle, „darauf hab ich immer achtgegeben."

Als sie sich entschlossen zu modernisieren, wussten Heinles genau, was sie wollten. Mit einer Stallbaufirma machten sie sich an die Planung. Unterstützt von Facharbeitern, Freunden und Familie begannen sie mit den Bauarbeiten. Trotzdem wurde es eine aufreibende Zeit. Maria Heinle schlägt die Augen zum Himmel. „Ich hab manche Nacht wach gelegen", sagt sie und sieht plötzlich aus, als dauerten die Bauarbeiten immer noch an. „Irgendwann hab ich beim Ausräumen dann ein Bild vom Heiligen Josef gefunden, ausgerechnet, er war doch auch Baumeister ... Also hab ich gesagt: ‚Du bist jetzt unser Bauherr'." Sie lacht leise. „Von dem Moment an wusste ich, es ist höherer Wille, dass wir auf unsere Weise fortführen, was unsere Vorfahren begonnen haben. Auch wenn wir die Kleinsten weit und breit sind ..." Ein Blick hinüber zu ihrem Mann, dem irdischen Baumeister, und wieder ein Lachen, erleichtert jetzt.

Ungeachtet der Theorie, dass wachsen muss, wer nicht weichen will, in der Land- wie in der Weltwirtschaft, haben die Heinles vieles anders gemacht als üblich. Haben nicht expandiert, nicht intensiviert und wenig zusätzliche Fläche verbaut. Ihre Wirtschaftsgebäude sind effizient geplant, die Stalltechnik ist funktional und auf ein Minimum beschränkt. Den Melkstand haben sie gebraucht gekauft, für 8.000 statt 60.000 Euro. „Natürlich sind Reparaturen und Wartung bei gebrauchten Maschinen ein Posten, andererseits sparen wir den Wertverlust beim Neukauf." Josef Heinle klappt den Laptop zu. „Bislang war aber höchstens mal eine Platine kaputt." Auch beim Fuhrpark hat er klug kalkuliert. „In anderen Betrieben geht es oft bei 100 PS los, doch bei unserer Größe reichen ein Traktor und drei Schlepper mit 19, 35 und 60 PS. Außerdem haben wir noch einen Ladewagen, ein Mähwerk, einen Heuwender und ein Güllefass. Ackermaschinen brauchen wir nicht, weil wir ein reiner Grünlandbetrieb sind." Er hebt eine Braue, als warte er auf Widerspruch. Auf Staunen. Ein zweifelndes: Geht das? „Wir bewirtschaften nur kleine Flächen, also hocke ich nicht den ganzen Tag auf dem Traktor. Da brauch ich nicht viel Komfort. Ein vernünftiger Sitz, der Rest passt schon." Kosten für den Fuhrpark ergo: 30.000 statt 300.000 Euro.

Am Ende haben Heinles 400.000 Euro investiert. Den Großteil hatten sie angespart, einen kleineren finanzierten sie über die Bank. „Das war gut so, denn das gab uns Sicherheit. Schließlich kann immer etwas passieren." Sie beide kämen aus großen Familien, seien sparsam erzogen, sagt Josef Heinle. Schon darum brauche er nicht stets das Neueste, Teuerste, Tollste. Bis vor Kurzem hatte er nicht einmal ein Smartphone. „Das alte Handy hat's auch getan." Ein Geizkragen sei er deswegen nicht, für manches gebe er durchaus und auch gern Geld aus. So wollte die Familie auf keinen Fall eine billige Industriehalle hinstellen, sondern mit Holz bauen. Gebrauchter Trecker, altes Handy: egal. Doch ihr Hof, der soll schön sein.

Heinle lehnt sich zurück, lächelt. In fünf Jahren, rechnet er vor, ist der Betrieb wieder schuldenfrei. Guten Gewinn macht die Familie, weil sie auf ein nachhaltig erzeugtes, hochwertiges Nischenprodukt setzt: Ihre Heumilch geht zu einem fairen Preis an die Käsemanufaktur Allgäu, einen Betriebszweig der Allmikäs-Genossenschaft. Dort wird sie zu Butter und Käse weiterverarbeitet, zu Heublumenkäse, Rosenblütenkäse oder Blauem Hubertus, zu Emmentaler und Bergkäse; ein Teil der Ware geht an VonHier. „Eine Win-win-Situation für alle Beteiligten." Und der klare Beweis, dass es Alternativen zum Wachstumsdiktat gibt. „Wirtschaftlicher Erfolg", sagt Josef Heinle, „braucht vor allem innovative Ideen."

Noch einmal klappt er den Laptop auf. Klickt durch Dateien, scrollt durch Zahlenreihen. Ihr Hof falle mit weniger als 20 Hektar Land und 50 Vieheinheiten auch unter Paragraf 13a des Einkommenssteuergesetzes: Die Gewinnermittlung erfolge nach Durchschnittssätzen, und weil der Jahresumsatz unter 500.000 Euro liege, müssten sie keine Bücher führen. Es ist die Vielzahl solcher Details, die bei Heinles ineinandergreifen und sich zu einem stimmigen Ganzen fügen.

Was war die größte Herausforderung bei der Neuausrichtung?

„Das Ganze überhaupt anzugehen", antwortet Maria Heinle ohne zu zögern.

Ihr Mann überlegt einen Moment. „Das Risiko", sagt er schließlich. „Schaffen wir das? Kann ich unser Überleben sichern?"

Was hat ihnen Kraft und Mut gegeben?

„Der Zusammenhalt."

„Und die Überzeugung, dass es richtig ist." Josef Heinle sieht zu seiner Frau. Die schlägt die Augen zum Himmel und lacht.

„Ja, ich hab manche Nacht wach gelegen, aber wie heißt es bei Jeremia: Ich gebe euch eine Zukunft und eine Hoffnung. Irgendwann wusste ich, wir schaffen das. Auch wenn wir die Kleinsten sind weit und breit."

Mit hofeigener Hühnerhaltung hat die Familie stets frische, garantiert ökologische Eier. Zudem gehören die Hühner auch zum Konzept des Erlebnishofes.

Maria Heinle baut Gemüse am liebsten selbst an: im klassisch angelegten, vielfältigen Bauerngarten

Josef Heinle tritt aus dem Haus und schaut in den Himmel. Wolken sind aufgezogen. Wird es Regen geben? Es regnet viel im Illerwinkel. Trotzdem hat die Familie bislang gute Ernten eingefahren. „Bei Heu muss man wachsam sein." Heinle runzelte die Stirn, schaut erneut in alle Richtungen.

Das unternehmerische Risiko eines Heumilchbauern?

„Ich würde eher sagen, das macht's spannend!" Er schüttelt den Kopf, lacht. „Wetter ist mein Hobby. Und weil unsere Flächen so klein sind, fahre ich, wenn es in zwei Stunden regnen könnte, schnell raus." Er blinzelt – ein Bündel Sonnenstrahlen bricht hinter einer Wolke hervor, taucht den Hof in helles Licht. „Es ist auch immer wieder ein Glücksgefühl, alles richtig eingeschätzt zu haben."

Maria und Josef Heinle haben Tradition und Moderne klug verknüpft. Taugt ihr Betrieb als Modell?

„Es muss passen", sagt Josef Heinle. „Aber hätten wir nicht genau gewusst, was wir wollen, hätten wir uns beraten lassen, man hätte uns zu Wachstum geraten, da bin ich sicher." Wobei, fügt er hinzu, nichts gegen Wachstum mit Bedacht spreche. Doch von dreißig auf hundert Kühe vergrößern? Nein. „Hätten wir expandiert, hätten wir erstens mehr Fläche gebraucht, doch die Pachtkosten sind hoch. Wir hätten zweitens einen größeren Stall bauen müssen und uns über die Maßen verschuldet. Wir könnten drittens unser Futter nicht mehr selbst erzeugen, müssten dazukaufen. Viertens wäre mit den vorhandenen Maschinen die Arbeit nicht mehr zu bewältigen, wir müssten den gesamten Maschinenpark erneuern und weitere 200.000 bis 300.000 Euro investieren. Fünftens bräuchten wir Fremdarbeitskräfte, hätten laufende Lohnkosten, würden steuerlich anders veranlagt, müssten Bücher führen. Und um all das zu leisten, würde ich ständig arbeiten, würde leben wie im Hamsterrad." Entschieden schüttelt er den Kopf. „Es wird immer suggeriert: Keine Zukunft ohne Wachstum – ich bin überzeugt, das Gegenteil ist der Fall. Wachstum um seiner selbst Willen ist der Tod der Landwirtschaft. Weil wir mehr produzieren, als wir absetzen können, weil die Preise fallen und wir Strukturen zerstören." Und wieder einer dieser Blicke, die sagen, dass Josef Heinle lange und gründlich über etwas nachgedacht hat.

Dann schaut er noch einmal in den Himmel und geht zurück ins Haus.

Drinnen putzt Maria Heinle Gemüse. Bald kommen die Kinder aus der Schule. Josef Heinle stellt Teller auf den Tisch. „Wir sind jeden Tag froh und dankbar, dass wir so viel Zeit füreinander haben." Neben dem Spaß an der Arbeit ist das vielleicht der größte Gewinn der Neuausrichtung: Zeit zu haben, Familienrituale pflegen zu können.

„Wenn Kinder in eine Familie eingebunden sind und in klaren Strukturen aufwachsen, ist das doch etwas Wertvolles", sagt Maria Heinle. „Auch wenn es nicht in Geld zu messen ist."

Sie haben also einen Hof umgebaut – und ihr Leben?

Ja, antworten sie unisono.

„Und ich glaube …" Lächelnd sieht Josef zu Maria, „wir haben es ganz gut gemacht."

Maria Heinle legt das Gemüse beiseite und hebt, beinahe entschuldigend, die Schultern. „Ich find's immer noch umwerfend, dass wir das so geschafft haben. So oft denke ich: Mei, hab ich's schee …"

Und alles, weil sie so klein sind. (SE)

Josef Heinle

Moos 180, 87764 Legau (Allgäu)

Familienbetrieb im Vollerwerb – biozertifiziert seit 2000 – Anbauverband: Biokreis

Betriebsorganisation
Milcherzeugung
Seit 2014 Heumilchbetrieb und Erlebnisbauernhof

Landwirtschaftliche Nutzfläche
18,3 ha arrondierte LN, nur Grünland – 8 ha sind Eigenfläche, der Rest ist gepachtet

Viehhaltung
28 Milchkühe und 15 Kälber/Jungrinder (Deutsches Braunvieh)
Milchleistung: 6.500 Liter/Kuh, geringer Zukauf von Leistungsfutter
Grundfutter: nur Gras und Heu
Hühner, Hasen, Ziegen, Bienen für den Erlebnisbauernhof

Gebäude
Alleinstehendes Wohnhaus
Laufstall mit eingestreuten Liegeboxen, Lauffläche mit Gummimatten
Doppel-Fünfer-Melkstand (gebraucht gekauft)
Heubergehalle mit Unterdachtrocknung

Arbeitskräfte
1,5 Familien-AK

Maschinen
3 Schlepper (alle abgeschrieben), Ladewagen, Heuwerbemaschinen, Güllefass, Altbaukran

Vermarktung
Lieferung der Heumilch an die Käsemanufaktur Allgäu GmbH (siehe Infokasten)
Gemüse aus dem Bauerngarten und selbsterzeugter Honig dienen nur dem Eigenbedarf.

Kurz und wichtig

- Als die Heinles ihren Hof neu ausrichteten, setzten sie statt auf Wachstum auf Ideen und Innovation: Sie wollten ihren Betrieb jederzeit mit überschaubarem Aufwand zu zweit bewirtschaften können; sie wollten ihn nachhaltig bewirtschaften; sie wollten bei aller Arbeit ausreichend Zeit für Familie, Freizeit und Hobbys haben.
- Eine umfassende Modernisierung machte es ihnen möglich, sich fortan auf ein hochwertiges Nischenprodukt zu spezialisieren: Heumilch in Bioqualität.
- Bei steigendem Umsatz und gleichzeitig klugem Kostenmanagement macht der Betrieb seither trotz hoher Investitionen guten Gewinn und ist für die Zukunft gut gerüstet.

Masse, aber mit Klasse

… und das mit Bioputen

Mit einundzwanzig Jahren nahm Josef Heinzler ein Darlehen über 700.000 Euro auf, baute einen 3.000 Quadratmeter großen Stall und kaufte 10.000 Putenküken. Er wollte einer der größten Putenmäster Deutschlands werden.

„*Think big*, beschreibt das Ihren Charakter, Herr Heinzler?"

„Ja", antwortet seine Frau ohne zu zögern. Und lacht.

Josef Heinzler schweigt. Überlegt. Sagt schließlich: „Es ist mir unangenehm, aber im Rückblick würde ich sagen, ich war ganz schön naiv."

Dabei zeigte er früh unternehmerisches Talent: Mit zwölf hielt er seine ersten Gänse, mit sechzehn Hasen, 600 Stück, denn er wollte sich ein Moped kaufen. Fünf Jahre später übernahm er den Hof seiner Großeltern. „Ich wollte unbedingt selbstständig sein. Außerdem waren meine Eltern Putenmäster, ich hatte das Geschäft von der Pike auf gelernt und wegen der BSE-Krise wuchs die Nachfrage nach Putenfleisch rasant. Aber …" Er hält inne, runzelt die Stirn. „Die Landwirtschaft ist eine Industrie. Man steigt mit viel Kapital ein, bindet sich an einen Schlachthof und lebt dann ständig in der Angst, dass einem Preise diktiert werden und der Markt einen untergehen lässt. Diese Dynamik habe ich damals nicht durchschaut. Darum war es vielleicht *think big*, aber auch *think blöd*."

Im oberen Linzgau ist die Landschaft weit, der Wind rau. „Ursprünglich kommen Puten aus Mexiko", sagt Josef Heinzler und öffnet die Tür zu einem der Mastställe. „Am liebsten baden sie in heißem Sand. Wirklich artgerecht können wir sie in Europa gar nicht halten. Aber wir können sie so gut wie möglich halten."

Er betritt den Stall – zwei lange Reihen Futtertöpfe, Tränken, Heizstrahler. Und nirgendwo eine Pute. Heinzler lacht. „Puten mögen Auslauf, und wenn sie nach sechs Wochen voll befiedert sind und aus der Aufzucht in die Mast wechseln, kann man sie gut im Freiland halten."

Lange Zeit war Josef Heinzler ein konventioneller Landwirt. Wie seine Eltern. Wie seine Großeltern. Mästete über 60.000 Puten im Jahr, belieferte einen Großschlachthof, der vom Ruf eher für das Gegenteil von Nachhaltigkeit steht. Doch er war auch Unternehmer und sah, dass er mit Biofleisch perspektivisch mehr verdienen würde. Zudem war er wütend und wurde immer wütender auf eine hoch industrialisierte Agrarwirtschaft, die das Augenmaß für Tier und Mensch zu verlieren schien. „Ich will die konventionellen Kollegen nicht schlecht machen, aber ich bin gegen diese Vollgas-Landwirtschaft, in der große Vermarkter immer mehr Risiken auf einzelne Landwirte abwälzen und es für Familienbetriebe immer schwieriger wird zu überleben."

Heinzlers Problem auf dem Weg zum Bio-Traum: Ihr Betrieb war zu groß. Schon lange hielt die Familie Weidegänse, darum dachte Josef Heinzler 2004 darüber nach, Bioputen zu mästen. Bloß nicht, warnte man ihn, die Pute sei komplex und kompliziert, Freilandhaltung unmöglich, die Keimbelastung zu groß, größer noch als in den Ställen, wo man sie durch penible Hygiene einigermaßen kontrollieren könne. Doch Heinzler mag Herausforderungen. „Aber wo ich auch hinkam, überall hieß es: So viele Tiere, wie ihr mästet, können wir nicht abnehmen. Ich begriff: Bio ist eine Nische, da haben wir keine Chance."

Es kam anders. Und dass es anders kam, war auch eine Geschichte von Zufällen. Zufällig hörte Josef Heinzler 2006 von einer regionalen Vermarktungsgesellschaft, die sich artgerechte Tierhaltung auf die Fahnen geschrieben hatte. Er beschloss, Freilandhähnchen für sie zu mästen. Wieder warnte man ihn: Hähnchen im Freiland seien ständig krank. Er ließ sich nicht beirren, kaufte Küken, mästete sie mit konventionellem Futter, orientierte sich beim Besatz – Tiere pro Quadratmeter – jedoch an Ökovorgaben. Bio light, sozusagen. „Es lief erstaunlich gut. Die Tiere waren stabil, obwohl ich sie schwer mästete. Es ging ihnen gut, denn sie hatten viel Auslauf. Als ich vergrößern wollte, hieß es wieder: So viel Fleisch können wir nicht abnehmen."

Im Winter 2009, Heinzler wollte eigentlich seine Freilandgänse an den Einzelhandel vermarkten, traf er – noch ein Zufall – eine VonHier-Beraterin. Gänse brauchen wir nicht, sagte die, aber Bioputen suchen wir.

Josef Heinzler horchte auf.

Und erschrak. „Man wollte 700 Tiere pro Woche – ich war gewohnt, 6.000 auf einen Schlag zu liefern. Anfangs fragte ich mich schon: Was tue ich mir da an?"

Die Beraterin, Bärbel Reinmuth, beruhigte ihn. Kam mit einem VonHier-Team nach Großstadelhofen, gemeinsam besichtigte man den Betrieb, zog noch einen Berater vom Naturland-Verband hinzu. „Innerhalb von drei Stunden war die Entscheidung gefallen: Wir werden ein Biobetrieb." Josef

Mexiko im Obstgarten – grüne Wiese statt heißer Sand. Und ein staunender Putenhalter: „Was mich verblüfft, ist, wie wohl sich die Tiere im Freiland fühlen und wie gern sie Gras fressen!“

und Sheila Heinzler sehen sich an – freudig, beinahe enthusiastisch. „Wirtschaftlich und menschlich hat einfach alles gepasst.“

Zügig beginnen sie mit der Umstellung der Äcker und dem Um- und Ausbau der Ställe: legen Kaltscharrräume und Wintergärten an, bauen Zugänge und Klappen, vermessen und strukturieren Auslaufflächen. Dabei kommt ihnen zugute, dass sie sich bereits bei der Freilandhähnchenhaltung an die Platzvorgaben des Ökolandbaus gehalten haben. „Wir hatten zwei Ställe. Konventionelle Putenmäster haben meist drei Ställe, und um möglichst wenig Fläche zu verbauen, bauen sie die dicht nebeneinander. So bleibt kein Platz für Auslauf. Ich kenne einige Großbetriebe, die gern bio machen würden, aber nicht können, weil sie sich, als sie in teure Ställe investierten, ihre Zukunft quasi verbaut haben.“

Im Jahr darauf fahren die Heinzlers ihre Ställe leer: verkaufen alle konventionell gemästeten Puten, leeren die Silos und entsorgen sämtliches konventionelle Futter, verkaufen den konventionellen Mist, reinigen, desinfizieren. Und bekommen schließlich von der zuständigen Kontrollstelle das Bio-Zertifikat. Und ganz nebenbei heiraten Josef und Sheila auch noch.

„Am 23. Dezember 2011, es war bitterkalt, minus 20 Grad, kamen 6.000 Küken. Mit einem Schlag war der Stall voll.“ Es dauert nicht lange und die Küken fangen an, vernehmlich zu piepsen. Piepsen immer lauter, immer schriller, klagen, dass es in den Ohren schmerzt. Sie picken sich gegenseitig an – sie haben Hunger. Doch ihr Futter rühren sie nicht an. „Ich verstand nicht, was los war, und bin wie verrückt im Stall umhergerannt."

Heinzlers Vater entdeckt schließlich, dass die Futterpellets, die sie in einer Biomühle gekauft haben, zu hart sind für die kleinen Kükenschnäbel. „Heiligabend erreichen Sie natürlich niemanden, also bin ich zu den Nachbarn gerannt, um eine Schrotmühle zu leihen. Die ganzen Weihnachtsfeiertage haben wir Pellets zerkleinert, 100 Kilo, und die Küken mit Mehl gefüttert. So was hatte ich noch nie erlebt: In der konventionellen Mast wirft man den Tieren das Futter hin und sie fressen wie die Scheunendrescher."

Nach Weihnachten reklamiert Josef Heinzler zwölf Tonnen Kükenfutter. Fährt mit neuen Pellets – gleiche Nährstoffzusammensetzung, weichere Struktur – heim. Zwei Tage geht alles gut. Am dritten fangen seine 6.000 Küken an, vernehmlich zu piepsen. Piepsen immer lauter, immer schriller, klagen, dass es in den Ohren schmerzt, picken sich gegenseitig an – sie haben Hunger, doch ihr Futter rühren sie nicht an. „Jetzt gehen sie vor die Hunde, dachte ich, und ich gleich mit." Josef Heinzler wischt sich über die Stirn. „Es war die Hölle."

Schöne Vögel, hoch empfindlich: sensibel, wählerisch, kleine Diven. „Wir können sie so gut wie möglich halten. Aber nie wirklich artgerecht", sagt Josef Heinzler und verweist auf die mexikanischen Wurzeln der Puten.

In ihrem ersten Jahr als Bioputenmäster schlafen Sheila und Josef Heinzler schlecht. Zwar zeigt sich bald, dass die weicheren Pellets im Stall nachgetrocknet und darum ebenfalls zu hart für die Küken sind. Doch kaum ist ein Problem gelöst, taucht das nächste auf. „Biomast funktioniert anders als konventionelle Mast. Ich war ins konventionelle System hineingewachsen und hatte dabei das Ursprüngliche verlernt, hatte das Bewusstsein dafür verloren, was ein Tier ausmacht. Ich musste erst wieder lernen, meine Tiere genau zu beobachten, um ihr Verhalten zu verstehen und meine Fehler zu erkennen."

„Bloß hatten wir dafür keine Zeit", wirft Sheila Heinzler ein. Sie ist gelernte Bankkauffrau, versiert im Umgang mit Zahlen und Bilanzen. „Wir hatten investiert und waren hoch verschuldet. Die Produktion musste laufen."

Unter Hochdruck beginnt Josef Heinzler, ein neues Stallmanagement zu etablieren: achtet auf strikteste Hygiene, streut noch mehr ein, kontrolliert permanent Futter, Wasser, Licht, Temperaturen, Luftfeuchtigkeit, Stallklima. „Bioputen sind sensibel, man kämpft vor allem mit Parasiten und Darmerkrankungen, zum Beispiel mit der Schwarzkopfkrankheit, die eine extrem hohe Mortalität aufweist. Bakterien und Keime, die Hühnern überhaupt nichts ausmachen, sind für Puten tödlich." Statt Antibiotika zu geben, experimentiert er mit Homöopathie und Kräutern. Er setzt prophylaktisch Oregano ein. Und er beobachtet, dass das Immunsystem seiner Tiere immer robuster wird, je länger sie im Freiland sind.

Bioputen, lernt er aber auch, sind nicht nur sensibel, sondern auch wählerisch, kleine Diven. In der Futtermühle achtet er auf eine sorgfältige Abstimmung aller Nährstoffe in den Futtermischungen – und immer wieder, und meist zu spät, muss er sehen, dass seine Puten trotzdem nicht fressen. Oder dass sie es fressen, aber nicht wachsen. Oder dass sie wachsen, aber sehr langsam. „Futtermühlen beliefern alle möglichen Nutztierhalter, sie sind nicht auf Biogeflügel oder gar Bioputen spezialisiert." Er beginnt, sein eigenes Futterkonzept zu entwickeln: Zusätzlich zum Raufutter füttert er Bioerbsen, Kleegras, Körnermais, Ackerbohnen und unbehandeltes Getreide. Weil synthetische Aminosäuren, die Proteine im Putenmagen besser verfügbar machen, in der Biomast tabu sind, sucht er Ersatz. „Vor allem in den ersten Wochen brauchen Puten sehr viel tierisches Eiweiß. Im Freiland fressen sie natürlich auch Würmer und Insekten, aber das reicht nicht. Darum habe ich nach Eiweißquellen mit gleichem Muster, guter Verfügbarkeit und Bioqualität gesucht. Fischmehl kam nicht infrage, doch mit Volleipulver habe ich gute Erfahrungen gemacht." Heute ist Volleipulver Standard

Weidegänse unterwegs, vorbei an Heinzlers Biotop. Ihre Haltung ermöglicht die Nutzung extensiver Weideflächen, ist betriebswirtschaftlich interessant – und ein Hingucker.

in der Kükenfütterung. Sein Wissen als Bioputenmäster, resümiert Josef Heinzler und seufzt leise, habe er sich hart erarbeitet. „Es gibt in der Bioputenmast kaum Erfahrungswerte. Ein paar Betriebe in Norddeutschland mästen im großen Stil, aber die verraten der Konkurrenz natürlich nicht, wie's läuft."

Nach vier anstrengenden Jahren hatten die Heinzlers eine neue Strategie für ihren Hof gefunden. Seit drei Jahren wirtschaften sie erfolgreich. Bekommen alle zwei Monate 3.200 bzw. 3.700 sortenreine Putenküken aus der Brüterei (ausschließlich Hennen). Mästen sie 23 bis 24 Wochen (konventionell: 16 Wochen); durch die längere Mastdauer kann sich mehr Fett in den Muskeln der Tiere einlagern, das Fleisch schmeckt aromatischer. Sie mästen im Freiland, denn viel Auslauf hält die Tiere gesund. Mit zwölf Kilo Lebendgewicht werden die Bioputen geschlachtet. Heinzlers haben damit eine praktikable Alternative gefunden. Denn Kritiker monieren, Bioputen gebe es eigentlich gar nicht, weil in der Putenzucht nur Hybridrassen existierten, die per definitionem nicht nachhaltig seien. Ein Dilemma, für das Wissenschaftler und Züchter längst nach Lösungen suchen. Dabei ist die Entwicklung neuer Rassen äußerst zeit- und kostenintensiv. So lange bleibt Bioputenmast nach reiner Ökolehre schwierig. Praktiker wie Josef Heinzler, die ihre Küken vom ersten Tag an ausschließlich mit hochwertigem Biofutter füttern, sich beim Besatz an die Vorgaben des Ökolandbaus halten

und dafür sorgen, dass ihre Tiere täglich viel Auslauf im Freiland haben, kommen dem Ideal unterdessen so nahe wie möglich.

21.000 Tiere vermarkten Sheila und Josef Heinzler heute pro Jahr. „Dass weniger mehr sein kann, trauten wir uns anfangs kaum zu denken", sagt Sheila Heinzler.

Ihr Mann nickt.

„In der Familie war es hoch umstritten."

Ihr Mann nickt. „Mein Vater hat vierzig Jahre konventionell Puten gemästet. Als er hörte, dass ich statt 60.000 Tiere im Jahr 20.000 vermarkten wollte, fragte er mich, ob ich noch normal sei."

„Er war lange skeptisch. Auch noch, als alles lief."

„Stimmt", räumt Josef Heinzler ein. „Drei, vier Jahre hat's gedauert, bis ich ihn überzeugt hatte."

„Eher fünf."

Ein stiller Blick von Josef zu Sheila. Ein Nicken.

2013 hatten die beiden noch eine ungewöhnliche Idee: Sie legten Holunderplantagen an. Die Bäume wachsen schnell, ihre Kronen spenden Schatten, die Baumreihen bieten den Puten Schutz und Struktur. Und weil der Erdbereich frei bleibt, können sie zudem scharren und picken und im Sand baden – näher kann man einer mexikanischen Sandwüste am Bodensee kaum kommen ... Um die Verarbeitung der Blüten und Beeren kümmert sich Sheila Heinzler. Inzwischen produziert sie 12.000 Liter Holundersaft und 7.000 Liter Holunderblütensirup im Jahr. „In den ersten drei Jahren hat der Holunder nichts eingebracht, Saft und Sirup sind Nischenprodukte", sagt Josef Heinzler. „Aber wir haben die Bäume vor allem angebaut, um unsere Puten so artgerecht wie möglich zu halten."

„Heute freuen nicht nur wir uns über den Holunder, sondern auch die Leute im Dorf. Wenn er im Frühling blüht, sieht das wunderschön aus. Und dieser Duft! Was für eine Abwechslung in der üblichen Maismonokultur."

„Die Bäume sind Lebensraum für Insekten und Vögel. Wir haben wieder Turmfalken, eine ganze Population, die fangen uns die Mäuse weg. Es gibt Leute, die lachen darüber, wahrscheinlich kennen die natürliche Schädlingsbekämpfung gar nicht mehr. Was mich aber am meisten und immer wieder aufs Neue verblüfft, ist, wie wohl sich Puten im Freiland fühlen und wie gut ihnen Auslauf tut. Und wie gern sie Gras fressen – manchmal denke ich, Truthennen sind verkappte Wiederkäuer."

Think big – die Heinzlers gehören heute zu den größten Bioputen-Mastbetrieben in Baden-Württemberg. Sie füllen Supermarktregale und beweisen, dass bio keineswegs nur in Nischen funktioniert. Weil sich immer mehr Menschen gesund und nachhaltig ernähren, ist das auch nötig. Dabei bedeute Massenproduktion nicht per se minderwertige Qualität, davon ist Josef Heinzler überzeugt: „Es kann auch hundert Puten schlecht gehen, wenn sie schlecht gehalten werden. Wenn sie keinen Platz haben, keinen Auslauf, krank werden, wenn der Betriebsleiter einfach nicht weiß, wie er mit ihnen umgehen muss."

Beide sind überzeugt, den richtigen Weg eingeschlagen zu haben. Er fremdele allerdings mit Dogmatikern, betont Josef Heinzler, die den Ökolandbau zum einzigen aller möglichen Wege erklärten. Einsicht lasse sich nicht erzwingen. „Selbst möchte ich aber nicht mehr konventionell wirtschaften.

Denn der Ökolandbau hat mir auch die Freude an der Landwirtschaft zurückgegeben. Morgens komme ich nicht mehr in einen Stall, in dem kranke und tote Tiere liegen, in dem die Vögel aufeinander einhacken, weil es ihnen zu eng ist, sondern ich komme zu gesunden Tieren, öffne die Klappen und schaue zu, wie sie hinausrennen auf die Wiese." Selbst der Ackerbau mache ihm heute Freude. „Früher habe ich da nicht viel Liebe investiert, muss ich ehrlich zugeben, vieles war automatisiert. Plötzlich ohne Mineraldünger und Spritzmittel gute Erträge erwirtschaften zu müssen, das war eine Herausforderung. Ich habe wieder entdeckt, wie wertvoll Mist ist – kein Abfallprodukt, das man an die Biogasanlage verkauft, sondern ein hervorragender Dünger. Im Konventionellen heißt es, wer auf bio umsteigt, erntet nur noch die Hälfte. Anfangs war das auch so, aber als ich gelernt hatte, mit den Ressourcen unseres Hofs zu wirtschaften, stiegen die Erträge. Darum geht es schließlich: Erfolgreich mit den eigenen Ressourcen arbeiten, statt im Frühjahr zur Genossenschaft zu laufen und für zigtausend Euro Kunstdünger zu kaufen. Denn wo bleibt da die Rendite?" Er hält inne und sein sonst so offenes Gesicht verdunkelt sich. „Daran verdienen nur die Hersteller, die großen globalen Konzerne, nicht die Landwirte. Und da sind wir wieder bei dieser Vollgas-Landwirtschaft, die mich so wütend macht, diesem kranken System, das ich nicht will."

Was ihm gefällt, ist, dass um ihn herum immer mehr Höfe im Dorf auf bio umstellen. Sein Futter beispielsweise erzeugt er nur zur Hälfte selbst – die andere Hälfte bauen drei Nachbarn für ihn an. Wertschöpfung in der Region, sagt Josef Heinzler und lacht, sehr zufrieden. „Mein Ziel ist, möglichst viele Betriebe in eine Art Netzwerk einzubinden. Natürlich könnten wir auch konkurrieren, aber ich kann andere auch von meinem Erfolg profitieren lassen, indem ich ihnen helfe, ihre Produkte zu vermarkten. Dieser Zusammenhalt ist uns verloren gegangen, finde ich. Jeder wächst und wächst und macht nur noch sein eigenes Ding. Als mein Großvater diesen Hof geführt hat, hat man einander noch gebraucht. Da haben die Leute mehr zusammengehalten."

Die Kinderfrau kommt mit dem Baby und Sheila Heinzler steht auf; vor Kurzem haben die beiden eine zweite Tochter bekommen. Auch Josef Heinzler steht auf, geht zum Küchentresen und füllt eine Karaffe mit Wasser und Holunderblütensirup. „Mit unseren Bioputen haben wir einen Marktanteil von zehn Prozent erreicht, wir machen zu zweit fast 1,5 Millionen Umsatz im Jahr. In der Biobranche ist das viel. Unsere Produktion geht in die Feneberg-Marken VonHier und Bio Bühler, einen Rest liefern wir an Edeka Südwest. Die Zusammenarbeit und die Preise sind fair und liegen über dem Durchschnitt. Steigen zum Beispiel die Futterkosten – und in den vergangenen Jahren sind die Kosten stark gestiegen, weil Biofutter enorm gefragt ist –, übernimmt man die gestiegenen Produktionskosten, statt sie auf die Mäster abzuwälzen. Versuchen Sie das mal im konventionellen Bereich. Da sagt Ihnen jeder Einkäufer: Dann kauf ich eben Ware aus Osteuropa. Einkäufer sind Kaufleute, sie gucken auf Zahlen, Nachhaltigkeit ist eine untergeordnete Größe. Aber ohne faire Preise sind die hohen Investitionen, die mit der Erzeugung von Bioputenfleisch verbunden sind, einfach nicht zu verantworten."

Durch ein kluges Zusammenspiel von Marktnische, optimalem Management und großen Produktionsvolumina haben Josef und Sheila Heinzler ihren Betrieb erfolgreich gemacht. Haben den Nachteil, dass Bioputen nicht einfach zu mästen sind, zu ihrem Vorteil gewendet. 2017 wurden sie übrigens mit dem Tierschutzpreis des Landes Baden-Württemberg ausgezeichnet. „Massenproduktion und Bioqualität, das muss kein Widerspruch sein", sagt Josef Heinzler. „Masse kann klasse sein – alles hängt davon ab, wie die Tiere gehalten werden." (SE)

Hausbaum, Hoftor, Hauskapelle: Was heute so idyllisch und selbstverständlich wirkt, entstand dank harter Arbeit, einer Portion Naivität – und sehr viel Unternehmergeist

Kurz und wichtig

- Josef Heinzler stammt aus einer Putenmästerfamilie, wirtschaftete anfangs wie seine Eltern und Großeltern konventionell und kam eher aus wirtschaftlichen Aspekten zum Ökolandbau.
- Gemeinsam mit seiner Frau Sheila mästet er seit 2011 Bioputen im großen Stil. Dabei sind bio und Masse kein Widerspruch: Masse kann klasse sein, sind Heinzlers überzeugt, wichtig sei allein, wie die Tiere gehalten werden. 2017 wurden sie mit dem Tierschutzpreis des Landes Baden-Württemberg ausgezeichnet.
- 2013 legten sie außerdem Holunderplantagen an. Die Bäume bieten den Puten Schatten, Schutz und Struktur und ermöglichen so eine äußerst artgerechte Freilandhaltung. Aus Blüten und Beeren produziert Sheila Heinzler inzwischen 12.000 Liter Holundersaft und 7.000 Liter Holunderblütensirup im Jahr. Außerdem bieten die Holunderbäume Insekten und Vögeln Brut- und Lebensraum. In der Summe erweist sich die Kombination von Bioputen und Bioholunder als ideal.
- Als Biobauern mästen Heinzlers 21.000 Puten, ein Drittel der Menge, die sie konventionell aufgezogen haben. Dafür sind sie vielfältiger aufgestellt im Ackerbau. Erfolg definieren sie nicht über Wachstum, sondern auch über die Freude an der Landwirtschaft, die sie durch die Umstellung zurückgewonnen haben.

Josef Heinzler

St.-Martin-Straße 2,
88630 Großstadelhofen/Pfullendorf (Linzgau)

Familienbetrieb im Vollerwerb – biozertifiziert seit 2011 – Anbauverband: Naturland

Betriebsorganisation
Bio-Putenmast im großen Stil
Bio-Gänsehaltung
Erzeugung von Holundersaft und Holunderblütensirup

Landwirtschaftliche Nutzfläche
62 ha, davon 56 ha Acker (Getreide, Körnermais, Erbsen, Ackerbohnen, Kleegras), 5 ha Grasauslauffläche mit Holunderbäumen für die Puten und 1 ha Grasauslauffläche für die Gänse

Viehhaltung
6.800 Bioputen (weiblich) pro Mastdurchgang
700 Gänse in reiner Freilandhaltung während der Vegetationszeit

Gebäude
2 Kükenaufzuchtställe (warm)
6 Ausmastställe (mit Auslauf)

Arbeitskräfte
2 Familien-AK, 1 Fremd-AK, 4 AK auf 450-Euro-Basis

Maschinen
2 große Schlepper, 1 Kleinschlepper für Stall- und Plantagenarbeiten (BCS Vaillant), 1 Hoflader (Manitou), sämtliche Ackerbaumaschinen (Ackern, Säen, Mulchen, Pflegen), Putenverladevorrichtung

Energieversorgung
Photovoltaikanlage 190 KWh

Vermarktung
Die meisten Bioputen werden in die Marken Von-Hier und Bio Bühler geliefert, der Rest geht an Edeka Südwest.
Gänse, Holundersaft und Holunderblütensirup vermarkten die Heinzlers am Hof.

Als der Geisenhof Ludwig, die Mütze tief in die Stirn gezogen, durch den Regen den Hang hinaufläuft, muhen seine Kühe und springen. „Was ist los?", fragt er und klopft der Sarah auf den Hals, der Emmy auf die Flanke. „Hast Durst? Hast Kummer? Hast gar schlechte Laune?" Und lacht über seinen Scherz. Denn von Kummer keine Spur: Die Herde muht und springt, ein paar Kühe schlecken ihn, hauen mit den hinteren Füßen aus, stupsen ihn, übermütig und voller Freude.

Der Geisenhof liegt abseits von Straßen und Dörfern, zwischen Wäldern und Wiesen. Hier wurde der Geisenhof Ludwig geboren, hier wuchs er auf, hier ist er daheim. Hier war sein Großvater Bauer, sein Vater, auch sie hielten Kühe und versuchten es zudem mit Ackerbau, doch der Boden auf dem Auerberg ist schwer, das Klima rau, und so blieben sie bei ihrem Braunvieh, man kam zurecht. Er selbst wusste früh, dass er anders wirtschaften wollte. „Milch ist längst ein Massenprodukt und Milchviehhaltung ist Massenproduktion."

So baute er, als er 1987 den Betrieb übernahm, als Erstes den Anbinde- zum Laufstall um. Die Wiesen bewirtschaftete er extensiv, schließlich wollte er ganz auf bio umstellen. Der Fahrer einer Biomolkerei kam zu ihm herausgefahren. Schön ist's hier, sagte er, wirklich schön, und im Sommer kommt der große Milchwagen auch problemlos über die schmalen Wege. Aber im Winter nicht. Recht hat er, dachte der Geisenhof Ludwig. Und als er eine Weile später mitbekam, dass VonHier Biofleisch-Lieferanten suchte, dringend sogar, denn die Nachfrage war größer als das Angebot, dachte er: Ich möcht ein Ökobetrieb sein, ich kann keine Milch verkaufen – mach ich eben Fleisch.

Mit drei Mutterkühen fing er an. Ließ sie kalben, verkaufte keinen Liter Milch mehr, gab alles den Kälbern. Hielt die Tiere im Sommer auf der Weide, im Winter im Stall, fütterte Gras und Heu, kein Kraftfutter, ließ ihnen Auslauf und dem Fleisch Zeit zu reifen. Das Ergebnis war gleichmäßig durchwachsenes Muskelfleisch. „Ich bin ein vorsichtiger Mensch und wollt auf Nummer sicher gehen. Von irgendwas muss ich ja leben, Versicherungen zahlen, den ganzen Schmarrn." Er hebt eine Braue, lacht. „Aber es hat gepasst."

Seither kauft er Kühe, die weniger Milch geben und länger leben, die ihm Kälber zur Welt bringen. Zurzeit leben auf

Idyll im Grünen

Ludwig Geisenhof, Mutterkuhhalter und Philosoph

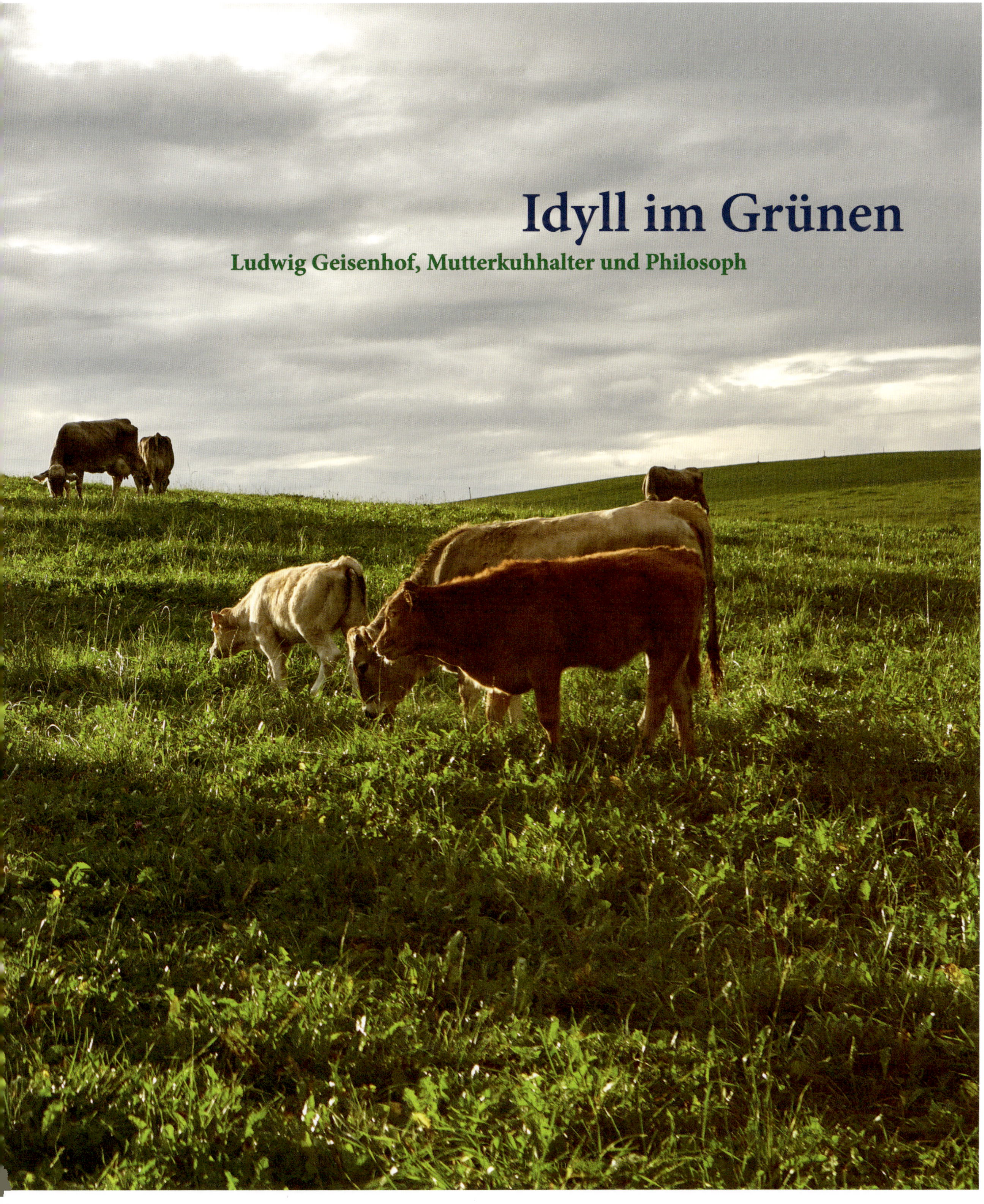

dem Geisenhof dreizehn Mutterkühe, siebzehn Kälber bzw. Jungrinder, ein Stier. „Vorheriges Jahr hatte ich vier Mal Zwillinge. Die Rosi, mir von allen Kühen, die ich je hatte, die liebste, bekam Zwillinge, als sie selbst schon Greisin war. Mensch, Rosi, hab ich gesagt, was soll der Scheiß? Du weißt, du bist eine alte Dame, fünfzehn Jahre alt, und jetzt kommst noch mit Zwillingen daher? Die hat schon ein Kalb schier nicht mehr ernähren können." Wieder lacht er und schlägt mit seiner rauen Hand nach einer Fliege. Rosi bekam übrigens später das Gnadenbrot; Tiere, die einen guten Charakter haben, zugänglich sind, nicht boshaft, dürfen beim Geisenhof Ludwig am Hof sterben.

Draußen auf den Weiden ist die Rinderfamilie – Kühe, Kälber, Stier – stets zusammen. Geisenhofs Tiere sind Weidetiere mit Unterstand, keine Stalltiere mit gelegentlichem Auslauf. Sobald sie im Frühjahr hören, dass er Pfähle für den Zaun einschlägt, fangen sie das Brüllen an. *„Ich will raus, ich will raus …"* Er ahmt ihre Laute nach, im Gesicht blanke Freude über ihre Vorfreude. „Der Laufstall ist ja eine gute Stallform. Ein Leben lang den Kopf im Bügel wie im Anbindestall, das find ich nicht tiergerecht. Aber für rangniedere Tiere ist er trotzdem eine Katastrophe, denn die kriegen Prügel. Da sind Kühe nicht anders als Menschen: Manche unterdrücken andere einfach. Mein alter Stier, wenn der kam und saufen oder fressen wollte, da haben alle Platz machen müssen. Beim jungen Stier ist's noch anders, der weiß noch gar nicht, dass er eines Tages Chef sein wird." Er lacht. Er hat Humor; zugleich liegt in seinen Worten tiefer Ernst, was er sagt, hat er wohl überlegt und im Leben geprüft.

„Auf den Weiden können rangniedere Tiere leichter fliehen. Alle haben schier endlos Platz und das mögen meine Rinder, genau wie den Klee, die Kräuter, das frische Gras. Von April bis November lass ich sie draußen, Tag und Nacht. Ich tu sie nur in den Stall, wenn's wirklich stark regnet. Und nur, wenn's, wie man hier sagt: Krotten regnet, Kröten regnet, gehen sie auch in den Stall." Ludwig Geisenhof lehnt sich zurück, streckt die langen Beine unterm Tisch in seiner Stube aus. Auch für ihn, fügt er hinzu, sei Weidehaltung ideal: kein Füttern, kein Misten, nur frisches Wasser bringen, Zäune umsetzen, umtreiben.

Ob er faul sei? Ah, geh! Er lacht auf. „Ich bin schon fleißig, aber mit dreizehn Mutterkühen, da bist ein Idealist. Drum hab ich vormittags einen Job in einer Metallfirma und nachmittags arbeite ich auf dem Hof." Er zwinkert – und hebt dann den Zeigefinger und erklärt, dass er sich sogar mehr Arbeit mache, als er müsse. „Einmal im Jahr mähe oder mulche ich alle Weiden, das tut denen unheimlich gut. Aber da kann ich nicht überall zack, zack auf- und abfahren. Auf den Weiden wachsen nämlich Bäume und Hecken, die stehen da schon immer, die gehören zur Landschaft, gewachsene Flur, und die lass ich auch stehen. Ich greif nicht viel ein in die Natur. Vielleicht bin ich konservativ oder grün angehaucht, aber ich denk: Auch Tiere haben ein Recht auf ein gutes Leben."

Einen Moment überlegt er, reibt seinen grauen Bart; ein Kratzen in der Stille. „Irgendwann", führt er seinen Gedanken fort, „haben die Menschen angefangen, die Landschaft auszuräumen. Dann wimmelte es überall von Mäusen und sie haben Stangen aufgestellt, um wieder Mäusebussarde anzulocken. Ja, hocken die denn nicht lieber auf Bäumen? Oder die Flüsse, die allerorten begradigt wurden – jetzt haben wir ständig Hochwasser, weil's Wasser nirgendwohin kann. Die Natur ist nicht so blöd, wie man meint. Und manchmal ist's gescheiter, auf die Natur zu hören und nicht auf irgendwelche Studierten und Ingenieure." Er beugt sich vor, faltet die Hände auf dem Tisch, seine Stimme klingt rau. „Manchmal denk ich, wenn du das Gegenteil von dem machst, was all die Experten sagen, dann liegst du ganz gut. Immer heißt es, man muss wachsen, wachsen, wachsen. Und das Ergebnis? Die Bauern bauen größere Ställe, brauchen größere Maschinen, haben mehr Schulden, mehr Druck." Er schüttelt den Kopf, lehnt sich wieder zurück, verschränkt die Arme. „Darauf war ich nie scharf."

„Aber Sie können von Ihrer Landwirtschaft allein nicht leben."

„Ich hole mir das Geld auch woanders."

„Und führen den Hof dafür, wie Sie wollen?"

„Das scheint mir die vernünftigere Lösung." Er lächelt. Lehnt sich wieder zurück – und wirkt sehr mit sich im Reinen. „Schauen S'", erklärt er, „es ist doch so: Wenn ich wachsen wollt, müsst ich Land pachten und Pacht zahlen. Bewirtschafte ich Eigenfläche, muss ich nix zahlen. Sobald ich pachte, gibt's Einschränkungen. Auf meinen eigenen Flächen, die zum Glück voll arrondiert sind, ist sonst niemand. Da redet mir keiner rein, keiner spritzt rechts und links irgendwelche Pestizide. So kann ich mein Ideal, meinen Biotraum verwirklichen. Dafür geh ich gern ein bisschen arbeiten …" Er rückt seine Brille zurecht, schaut, wartet ab. Und lacht.

„Was ist los", fragt der Geisenhof Ludwig. Seine Tiere haben ein schönes Leben.

DUNLOP

Viel Grün, viel Schatten – gutes Futter und Schutz vor der Sonne: Die Mastrinder auf Geisenhofs Weiden leben artgerecht. An reinen Grünlandstandorten ist Mutterkuhhaltung die sinnvollste Form, Fleisch zu erzeugen.

„Und wenn ich dann vor mich hinmähe und mir springt wieder der Hase vors Mähwerk, der mir seit Jahren davor springt, denk ich: Ah, da ist er ja wieder! Rehe hab ich auch. Und einen Dachs. Wir haben längst einen Artenschwund, der ist abartig, und ich will nicht dran beteiligt sein, dass so viele Tiere ihre Lebensgrundlage verlieren. Drum düng ich auch nicht, drum spritz ich nix, ich versau nicht das Grundwasser mit Nitrat. Wenn ich mal sterbe, will ich sagen können: Ich hab mich naturgerecht verhalten." Er zuckt mit den Schultern; eine Geste ohne den geringsten Zweifel. „Ist mir wichtig."

Dabei heißt es oft, Rindfleischerzeugung sei unökologisch. Das stimmt insofern, als Mast im industriellen Stil viel CO_2 erzeugt, ressourcenintensiv ist, die Haltung nicht artgerecht. Mutterkuhhaltung jedoch ist klimaschonender. Die Tiere werden artgerecht gehalten. In der reinen Weidehaltung sind sie keine Nahrungskonkurrenz, denn anders als der Mensch gehören Wiederkäuer zu den – wenigen – Säugetieren, die Gras verdauen und verwerten können. Außerdem wächst Gras auf nicht ackerfähigen Flächen, die sich wegen Bodenbeschaffenheit, ungünstiger Hanglage, rauem Klima nicht für den Getreide- oder Gemüseanbau nutzen lassen. Geisenhofs vorbildliche Mutterkuhhaltung ist die artgerechteste Form, Fleisch zu erzeugen. Nach dreizehn Monaten, in denen er seine Rinder füttert, nicht mästet, gehen sie an die VonHier-Metzgerei; ein kurzer Weg, knapp 50 Kilometer.

„All Ihre Fürsorge endet beim Metzger …"

„Alle, die Fleisch essen – ich auch, Sie auch – sind dafür verantwortlich, dass Tiere getötet werden. Die entscheidende Frage ist für mich: Wie hat das Tier gelebt? Und meine Tiere haben nicht ihr Leben lang im Stall gestanden, nie die Sonne gesehen und Billigfuttermittel gefressen. Denen geht's auf ihren Weiden saugut.“ Er schaut aus dem Fenster, hinüber zum Hügel, auf dem die Herde grast. „Meine Viecher haben dreizehn Monate ein schönes Leben und einen schlechten Tag.“

Ludwig Geisenhof ist einer von achtzig Mutterkuhhaltern, die Fleisch an VonHier liefern und alle nach denselben verbindlichen Regeln arbeiten. Geisenhof gehört seit acht Jahren auch zum Promotionteam. Besucht Märkte, spricht mit Kundinnen und Kunden, erklärt, wie er seinen Hof bewirtschaftet, seine Kühe hält, steht Rede und Antwort. „Den Älteren ist's wichtig, dass Lebensmittel aus der Region kommen, aber die Jüngeren wollen's oft ganz genau wissen. Manche sagen: Wär schön, wenn's stimmte, aber heut wird so viel gelogen. Denen geb ich meine Adresse, denn ich will keine Storys erzählen und hab nichts zu verbergen. Eine Frau kam tatsächlich mal heraus. Sie hat sich alles angesehen und sagte am Ende: Alles genau so, wie Sie's geschildert haben.

Meist sind es Frauen, die bewusst wenig oder gar kein Fleisch essen. Grad letzte Woche erzählte eine, sie sei Vegetarierin. Warum, hab ich nachgefragt. Sie habe mal beim Schlachten zugeschaut und das sei wirklich nicht schön gewesen. Versteh ich, hab ich geantwortet. Ich war auch schon dabei und musste plötzlich den abgehackten Kopf einer Kuh, die ich kurz zuvor noch gestreichelt hatte – Kathi hat sie geheißen –, raus in den Container tragen. Da verging mir auch der Appetit. Sowieso bin ich kein übermäßiger Fleischesser, und wie die meisten Menschen bin ich ein Feigling und blende manches aus. Ich sag halt immer: Leute, esst weniger Fleisch. Aber esst gutes Fleisch.“

Er macht eine kurze Pause – und saugt hörbar Luft ein. „Mit Veganern und Tierschützern geht's auch heftiger zur Sache. Wobei man mit Frauen diskutieren kann, Männer werden leicht mal aggressiv. In einem Markt in Pfronten treff ich oft einen, wenn der mich nur sieht, kriegt er schon einen roten Kopf. Allerdings schimpft der auf bio: alles Betrug! Dem bin ich schon nachgelaufen, aber der wollt nicht reden. Was ich auf dem Dorf auch oft hör: Wir haben selbst einen Hof, wirtschaften konventionell und wir sind nicht schlechter als ihr! Da ist man zack, mitten in einem Streitgespräch. Da erklär ich, was bio ist, dass bio nicht gleich bio ist, zeig Unterschiede auf zwischen laxen EU-Regeln und den strengen Vorschriften der deutschen Bioland-, Naturland- und Demeter-Verbände. Ich erzähl, dass mein Hof regelmäßig

„Schlacht ich nicht, werd ich zum Tierquäler. Das Futter meiner Weiden reicht ja bloß für eine bestimmte Herdengröße. Allerdings …“ Er zögert, legt die Hand aufs Herz. „Würd ich Kartoffeln anbauen, tät's weniger weh. Ich hab schon oft ein Tier gestreichelt und gedacht: Mei, in drei Monaten bist auch dran … Aber was soll ich tun? Kartoffeln kann ich auf meinen Böden nicht anbauen.“ Er zuckt mit den Schultern, überlegt einen Moment, sagt: „Bei uns Menschen ist der Tod auch unausweichlich.“

„Bei uns kommt er in der Regel von allein.“

„Schon …“

„Ein Widerspruch, nicht aufzulösen, solange wir Fleisch essen?“

unangemeldet kontrolliert wird, von VonHier- und von Bioland-Kontrolleuren. Gelingt's mir, Zweifel auszuräumen, hat sich ein Marktbesuch für mich gelohnt. Überzeugte Kunden erzählen ihren Freunden davon, ihren Bekannten, sie tragen unsere Idee weiter."

Wieder hält Ludwig Geisenhof inne. Er reibt seinen Bart und sein Blick schweift durch die Stube, über den Tisch, die geölten Lärchendielen. Viele Jahre hat er gebaut, hat Wände weggerissen, in denen Salpeter saß, und neue hochgezogen, Holzdecken erneuert, mit Holz aus seinem Wald, hat Hof, Haus, Halle, Stadel bewahrt, das Alte mit dem Neuen vereint und dabei stets achtgegeben, dass sich alles harmonisch in die Landschaft fügt. Er sei ein Bewahrer, sagt er von sich. Kein Konsument. Denn bio, das sei doch viel mehr als eine Präferenz für nachhaltig erzeugte Lebensmittel. Eine Lebenseinstellung. Etwas, was man im Herzen trage. Er versuche, keinen allzu großen ökologischen Fußabdruck zu hinterlassen, nicht auf Kosten anderer zu leben, sich zu bescheiden. „Wenn wir die Erderwärmung nicht stoppen, werden unsere Kinder uns verfluchen." Er hebt den Arm (und in seinem Arbeits-Shirt zeigt sich ein Loch): Nein, nein, er wolle niemandem etwas vorschreiben, nicht missionieren. Er frage sich nur, wo das alles enden wird. „Wir haben das Glück, zu den 20 Prozent der Weltbevölkerung zu gehören, denen es sehr gut geht. Aber was passiert, wenn auch alle Chinesen Auto fahren? Angesichts der Weltbevölkerung muss man auch mal sagen: Mehr steht mir nicht zu. Wachstum funktioniert nicht endlos. Uns geht's verdammt gut – reicht das denn nicht? Muss es immer noch mehr sein? Wenn du den Sarg mit goldenen Handgriffen kriegst, macht das das Sterben schöner? Jetzt überlegen sie schon, ob wir eines Tages auf dem Mars weiterleben könnten. Ist das nicht hirnrissig? Auf dem Mars leben – während man die Erde retten könnte?" Er schüttelt den Kopf, wie einer, der es einfach nicht fassen kann. „Naa, da mach ich doch lieber auf meinen paar Hektar Land, was ich kann, und mach's so gut, wie ich kann."

Dann steht der Geisenhof Ludwig auf, steigt wieder in seine Gummistiefel, zieht die Pudelmütze in die Stirn und geht hinaus zu seinen Kühen. (SE)

„Muss es denn immer noch mehr sein? Da mach' ich lieber auf meinen paar Hektar Land, was ich kann, und mach's so gut, wie ich kann."

Kurz und wichtig

- Mit drei Kühen stieg Ludwig Geisenhof 1997 in die Mutterkuhhaltung ein. Heute hält er dreizehn Mutterkühe, einen Stier und aktuell siebzehn Kälber bzw. Jungrinder, die alle von April bis November auf der Weide sind und im Winter mit Heu gefüttert werden. Nach dreizehn Monaten liefert er seine Rinder an die VonHier-Metzgerei.
- Mutterkuhhaltung ist die artgerechteste Form der Fleischerzeugung, denn sie ist klimaschonender und die Tiere werden artgerecht gehalten. In der reinen Weidehaltung sind Rinder keine Nahrungskonkurrenz, denn anders als der Mensch können sie Gras verdauen und verwerten. Zudem wächst Gras auf nicht ackerfähigen Flächen, die sich wegen Bodenbeschaffenheit, ungünstiger Hanglage, rauem Klima nicht für den Getreide- oder Gemüseanbau nutzen lassen.
- Geisenhof ist einer von insgesamt achtzig Mutterkuhhaltern, die Fleisch an VonHier liefern und alle nach denselben verbindlichen Regeln arbeiten.
- Um seinen Hof nach seinen Vorstellungen und ohne Abstriche betreiben zu können, arbeitet Geisenhof halbtags in einer Metallfirma. Dabei ist bio für ihn eine grundsätzliche Lebenseinstellung, eng verknüpft mit dem Wunsch, keinen allzu großen ökologischen Fußabdruck zu hinterlassen und nicht auf Kosten künftiger Generationen zu leben.

Ludwig Geisenhof

Osterberg 3,
86975 Bernbeuren/Auerberg (Oberbayern)

Familienbetrieb im Nebenerwerb – biozertifiziert seit 1986 – Anbauverband: Bioland

Betriebsorganisation
Mutterkuhhaltung auf einem absoluten Grünlandstandort

Landwirtschaftliche Nutzfläche
17 ha Grünland (Wiesen und Weiden), keine Pachtflächen, Höhenlage 900 m

Viehhaltung
13 Mutterkühe (überwiegend Braunvieh),
13 Kälber/Jungrinder, 1 Stier (Blonde d´Aquitaine)

Gebäude
Für die Region typischer Bauernhof
Laufstall mit Liegeboxen
Heubergehalle mit Portalkran (Einbau in vorhandenes Wirtschaftsgebäude)

Arbeitskräfte
1 Familien-AK (Teilzeit)

Maschinen
3 Schlepper, 1 Ladewagen, die üblichen Heumaschinen (alle alt, aber im besten Zustand)

Vermarktung
Direkte Lieferung aller Mastrinder und Altkühe über den Schlachthof Kempten/Feneberg Metzgerei in das VonHier-Programm
(80 weitere Neben- und Zuerwerbsbetriebe, organisiert wie der Geisenhof-Betrieb, liefern ihre Mast-Jungrinder ebenfalls in das VonHier-Programm.)

Der Geschmack der Tradition

Der Dinkel-Moser

Johann Moser ist ein Tüftler. Einer, der es knifflig mag und gern neue Wege geht. Wäre es nicht so, würden die Mosers heute nicht Nudeln aus Oberkulmer Rotkorn, einer lange Zeit und zu Unrecht in Vergessenheit geratenen traditionellen Urdinkelsorte, herstellen.

Aber der Reihe nach. Johann Moser wuchs auf einem Bauernhof im Ostallgäu auf, machte nach der Schule jedoch keine Lehre als Landwirt, sondern wurde Elektromechaniker; als Hofnachfolger war sein Bruder vorgesehen. Daheim baute der Vater Biokartoffeln, Biomöhren und Biogetreide an, vor allem Roggen, Weizen, Hafer. Immer wieder schwärmte Moser senior auch vom köstlichen Dinkelbrot, dass seine Mutter einst gebacken hatte, als er Kind war – so lebhaft war die Erinnerung, dass er eines Tages beschloss, auch Dinkel anzubauen.

„Vor hundert Jahren war Dinkel hier in der Region *das* Getreide, überall sahen Sie Dinkelfelder", erzählt Johann Moser. „Dann wurde er vom Weizen verdrängt, denn Dinkelhalme sind 1,50 bis 1,80 Meter hoch und darum wetteranfälliger, sie knicken leichter und das geht auf Kosten des Ertrags."

Mosers Vater machte sich also auf die Suche nach Saatgut. Und fand keines. In einem Dorf auf der Schwäbischen Alb stieß er schließlich auf einen Landwirt, der ihm einen Sack Oberkulmer Rotkorn-Saat verkaufte, eine robuste Winterdinkelsorte. Vor Jahren, vertraute der Mann ihm an, hatte er Saatgut aus der Schweiz über die grüne Grenze geschmuggelt – weil es in Deutschland einfach keines zu kaufen gab! Keine der großen Saatgutfirmen führte mehr Urdinkel, weil damit kein Geschäft zu machen war. Seither baute er seinen Dinkel jedes Jahr nach.

Zufrieden fuhr Moser senior heim. Und wollte säen. Doch die Saatkörner, umgeben von einem festen, schützenden Spelz, waren zu groß für seine Sämaschine. „Mit einem Sätuch über der Schulter lief mein Vater über den Acker und säte von Hand." Johann Moser lacht. „Und ich folgte ihm mit der Egge." Am Tag darauf begann es zu schneien. Als der Schnee wieder schmolz, spitzten grüne Triebe aus dem Boden. „Man darf's gar nicht erzählen: Es standen höchstens halb so viele Pflanzen da, als wenn man mit der Sämaschine gesät hätte. Aber meinen Vater hat's nicht gestört, für ihn war's ein Experiment."

Zur Erntezeit standen Mosers vor dem nächsten Problem: Wegen der hohen Halme mussten sie eine Weile herumprobieren, bis sie den Dinkel mit ihrem Mähdrescher mähen konnten. Das größte Problem stellte sich jedoch beim Mahlen: In den Mühlen konnte man keinen Dinkel mehr entspelzen. Erst nach langem Suchen fand Moser senior in der Nähe von Bad Wurzach einen Müller, der noch einen speziellen Mühlstein besaß und den Dinkel entspelzte, das Korn reinigte und mahlte. Das erste Brot aus seinem eigenem Urdinkel entschädigte ihn jedoch für alle Schwierigkeiten: Es schmeckte großartig.

1980 wurde Johann Moser dann doch Bauer. Er hatte inzwischen geheiratet und mit seiner Frau Marianne den Hof ihrer Eltern in Weinhausen übernommen. Die beiden stellten auf bio um und bauten ebenfalls Dinkel an, jedoch im Nebenerwerb, im Hauptberuf blieb Moser Elektromechaniker. „Vor allem die roten Urdinkelsorten haben mich schon fasziniert. Das ist Premiumgetreide, konkurrenzlos in Geschmack und Bissfestigkeit, sogar Weizenallergiker vertragen es." Nach vierzehn Jahren als Teilzeitlandwirt gab Moser seinen Job dann auf und wurde – spät, doch mit Leib und Seele – Biobauer im Vollerwerb. Weil es in der Familie noch einen Tüftler gibt, seinen Bruder, hatte dieser inzwischen auch eigens eine Entspelzungsanlage gebaut. Mit der entspelzt er mittlerweile auch für andere Bauern, denn seit einer Weile erlebt Dinkel eine Renaissance, auch in der konventionellen Landwirtschaft; wobei dort meist gekreuzte Dinkelsorten angebaut werden, mit kürzeren Halmen und höheren Erträgen. Mosers sind ihrem reinen Urdinkel treu geblieben. „Oberkulmer Rotkorn sei der Traum eines Müllers, hat mir mal ein Müller gesagt." Ein Lächeln zieht über Johann Mosers Gesicht. Er ist ein eher zurückhaltender Mensch, doch für einen Moment gerät er ins Schwärmen: Das Korn habe einen hohen Protein- und Klebereiweißgehalt, das Mehl lasse sich hervorragend verarbeiten, doch das Hauptargument sei der Geschmack. „Rotkorndinkel schmeckt einfach am besten."

Ein letzter prüfender Blick: Ist jetzt der perfekte Zeitpunkt für die Ernte? Mosers sind zufrieden, es kann losgehen. An ihrem Hof im Schwäbischen Jengen dreht sich alles um die Urdinkelsorte Oberkulmer Rotkorn.

Und so hatten die Mosers Anfang der 1990er-Jahre eine Idee. Alle in der Familie aßen gern Nudeln und als überzeugte Vollwertkostler auch Vollkornnudeln – doch die Weizenvollkornnudeln, die es damals im Naturkosthandel gab, schmeckten ihnen … na ja, nicht so gut. Wie, überlegten sie, schmeckten wohl Nudeln aus Oberkulmer Rotkorn-Dinkel?

Dienstag früh um fünf läuft Johann Moser über den Hof zum ehemaligen Kuhstall. Seine Hand tastet nach dem Lichtschalter. Neonlampen leuchten auf. Auf wenigen Quadratmetern stehen eine Nudelpresse, eine Verpackungsmaschine, ein Etikettendrucker. Moser schlüpft in einen Kittel, zieht ein Haarnetz über den Kopf. Schon am Vortag hat er die Nudelpresse eingerichtet – hat das Bullauge in der Decke geöffnet, den Schlauch angeschlossen, ist auf die Bühne gestiegen. In einer Steinmühle hat er Vollkornmehl gemahlen; er mahlt es erst kurz vor der Verarbeitung, um die wertvolle Aleuronschicht zu erhalten, die reich an Vitaminen, Mineralien, Eiweiß und Ballaststoffen ist. Dann hat er die Silos befüllt.

Um kurz vor sechs walken bereits große Knethaken Mehl und Wasser zu Pastateig. Moser schraubt eine Matrize vor ein Rohr, das seitlich aus der Presse ragt, und öffnet einen Schieber. Kurz darauf fallen wohlgeformte hellbraune Vollkornspirelli in einen Kunststoffkasten – 100 Kilo pro Stunde. Ist ein Kasten voll, bringt er ihn in den Trocknungsraum. Um sieben kommt Marianne Moser und löst ihn ab. Um neun kommt eine Nachbarin, die aushilft. Mittags übernimmt Moser wieder. Es sei keine schwere Arbeit, aber das lange Stehen strenge an. „Jeden Dienstag stellen wir 1,2 Tonnen Nudeln her."

Die ersten Versuche machten er und seine Frau mit einer Haushaltsnudelmaschine – Fassungsvermögen: ein Kilo – in ihrem Keller. Niemand habe damals Dinkelnudeln hergestellt. Die beiden experimentierten, und weil Nudeln in Deutschland immer mit Ei gemacht wurden, machten sie Eiernudeln. (Erst später, als Naturkostläden nach Dinkelnudeln ohne Ei fragten, stiegen sie um.) Sie formten kleinen Hörnchen, legten sie zum Trocknen in die Sonne. Doch die Sonne trocknete den Teig zu schnell, die Hörnle bekamen Risse und fielen auseinander. Zum Glück ist Johann Moser ein Tüftler. Er konstruierte Trocknungsräume mit digitaler Wärme- und Luftfeuchtigkeitssteuerung. „Natürlich gab es auch fertige Trocknungskammern, doch die konnten wir uns nicht leisten. Wir haben wirklich ganz klein angefangen." Er hält inne, überlegt einen Moment. Und fügt hinzu: „Wäre ich nicht Elektromechaniker, wäre das alles nicht möglich gewesen."

Dinkelkorn auf dem Teller: links ohne, rechts mit Spelz. Die Körner sind fest mit den Spelzen verwachsen – ein idealer Schutz. Das bedeutet aber auch, dass bei der Verarbeitung ein zusätzlicher Schritt nötig ist: das Entspelzen.

Kaum geerntet, wächst unterm lichten Dinkel schon wieder Grünes hervor. Kein Unkraut, sondern naturgemäße Düngung: neue Nährstoffe für die nächste Frucht.

Donnerstags wird die frisch hergestellte Pasta abgepackt. Ein Teil wird an Naturkosthändler verschickt und für Bestellungen aus dem eigenen Onlineshop eingelagert. Knapp die Hälfte der Gesamtproduktion geht an VonHier. „1998 wurde VonHier als Marke für Produkte aus der Region eingeführt", erinnert sich Johann Moser, „alle hergestellt in Familienbetrieben, nach den strengen Richtlinien der Ökoanbauverbände Bioland, Naturland und Demeter. Ich dachte sofort: Da machen wir mit!" Er sprach mit der Einkaufsabteilung. Dort hieß es: kein Interesse, kein Platz. Immer wieder hakte er nach. Immer wieder bekam er die gleiche Antwort. Eines Tages erzählte er bei einer Bioland-Versammlung einem Abgeordneten der Grünen von seinen Dinkelvollkornnudeln. „Das wär doch was für VonHier!"

„Finde ich auch", antwortete Moser. „Aber die wollen uns nicht."

Der Abgeordnete ging einst mit Hannes Feneberg zur Schule. Er sprach mit ihm. Und die Einkaufsabteilung bot an, ein paar Sorten Dinkelnudeln ins allgemeine Sortiment aufzunehmen. Bei VonHier sei leider kein Platz.

Dann eben nicht, sagten sich die Mosers schließlich.

Zwei Monate später klingelte das Telefon. Es gab nun einen Einkäufer extra für VonHier – und der hatte großes Interesse an Dinkelnudeln. „Plötzlich konnte es gar nicht schnell genug gehen." Moser lacht. Und fügt versöhnlich hinzu: „Es war wohl einfach ein Entwicklungsprozess."

Seit fast zwanzig Jahren liefert die Familie Hörnle, Spirelli, Penne, Fusilli, Spaghetti, Band- und Suppennudeln. Der Absatz ist gut. „Unser Klebereiweißgehalt beträgt bis zu 40 Prozent, darum sind die Nudeln besonders bissfest. Ich will keine Sprüche klopfen, aber wir hören oft, unsere Nudeln schmeckten einfach am besten." Johann Moser sagt es selbstbewusst, aber ohne große Geste, in der ihm eigenen Zurückhaltung. „Man kann mit allem werben, doch wenn ein Produkt gesund ist, aber nicht schmeckt, kauft's keiner." Die Absatzsicherheit gab ihm und seiner Frau die Möglichkeit, zu investieren und die Firma über die Jahre weiterzuentwickeln. Dabei, betont er, deklarierten sie sehr genau, welche Dinkelsorten sie verarbeiten. „Ich würde nie ein schlechteres Mehl verwenden, um mehr Gewinn zu machen. Das Ideelle steht für uns immer im Vordergrund: gute und gesunde Lebensmittel herzustellen."

Die Zusammenarbeit mit VonHier, bilanzieren beide, sei ein Glücksfall. „Wir produzieren inzwischen so viel Nudeln, dass wir von ausgewählten Biohöfen Dinkel zukaufen", erzählt Marianne Moser. „Vor ein paar Jahren war die Ernte schlecht, wir mussten den Dinkel teurer einkaufen und den Preis für unsere Nudeln anheben. Es wurde anstandslos akzeptiert. Er kaufe selbst Getreide, sagte der Einkäufer, er wisse, dass die Preise gestiegen seien."

„In den Anfangsjahren haben wir uns sehr bemüht, in den Handel zu kommen, und man ließ uns spüren, dass wir eine kleine Nummer sind, forderte Listungsgebühren,

Spirelli für Genießer, mit Sorgfalt abgefüllt. Mosers Vollkorn-Dinkelnudeln sind gefragte Nahrungsmittel: Zum Beispiel geht fast die Hälfte der Produktion ins VonHier-Programm.

Werbekostenzuschüsse. Bei VonHier hieß es: Wir wollen eure Nudeln, macht einen Preis. Wir haben kurz verhandelt, dann waren wir uns einig.“ Johann Moser sieht zu seiner Frau. Sie nickt. „Es ist angenehm, wenn es nicht nur um den Preis, sondern auch um das Produkt geht.“

2006 übergaben Johann und Marianne Moser den Hof an ihren Sohn. Seither kümmern sie sich nur noch um die Nudelmanufaktur. Tobias Moser hat an der Hochschule für angewandte Wissenschaften Weihenstephan-Triesdorf Landwirtschaft studiert und wie seine Eltern und Großeltern baut er weiter Oberkulmer Rotkorn an. Mitte der Nullerjahre gingen die Erträge zurück. Halmbruch war ein gewisses Problem. Schädlinge waren kein Problem, weil Mosers zwölf statt zehn Zentimeter Abstand zwischen den Reihen halten und dafür innerhalb der Reihen dichter säen; so kann der Wind zirkulieren, Pilze gedeihen nicht. Auch Unkraut war kein Problem, weil sie maschinell hacken und durch die hohen Halme weniger Licht auf den Boden fällt und das meiste verkümmert. Zwar hielten sie kein Vieh, hatten also keinen Mist zum Düngen, doch zur Bodenpflege hatten sie eine dreijährige Fruchtfolge mit einjähriger Brache eingehalten.

Was also war das Problem?

Tobias Moser ließ einen Berater vom Bioland-Verband kommen. Der machte Nährstoffmangel aus, empfahl eine fünfjährige Fruchtfolge – Dinkel, Hafer als Gesundungsfrucht, Ackerbohnen, Dinkel, Kleegras – und organische Düngung. Seither holen Mosers Mist von einem Biogeflügelbauern (und liefern ihm im Gegenzug Ackerbohnen als Hühnerfutter). Seit fünf, sechs Jahren liegen die Erträge wieder auf gutem Niveau. „Wir tragen eine Verantwortung für unseren Boden“, sagt Johann Moser.

„Das hier“, sagt Marianne Moser, schaut sich um und deutet auf die Wiesen, die Felder, „ist doch unsere Heimat.“ Einen Moment lang zögert sie – dann erzählt sie, wie es ihr zugesetzt hat, damals, bevor ihr Mann und sie den Hof, auf dem sie aufgewachsen war, übernahmen, als es lange Zeit aussah, als müssten sie verpachten, denn ihr Vater hatte Kühe gehalten, der Stall musste modernisiert werden, doch eine so große Investition gab der Hof eigentlich nicht her. Es war Johann Mosers Vater, der sich schließlich entrüstete: Ihr könnt doch nicht aufhören! „Ich war so froh, dass ich weiterhin auf unsere Felder konnte. Ich hab mir einfach nicht vorstellen können, dass fremde Leute mit ihrem Traktor auf unserem Land herumfahren.“ Noch heute, fast vierzig Jahre später, ist ihr die Erleichterung anzumerken. „Eigenartig, gell? Man ist einfach verwurzelt mit diesem Land.“

Sagt's und wischt dann energisch übers Tischtuch. „Aber der Sohn macht's gut“, sagt sie, Stolz in der Stimme.

„Besser als ich.“ Johann Moser lacht. „Vor zwei Jahren haben wir die beste Dinkelernte seit dreißig Jahren eingefahren.“ Aber, fügt er hinzu, er könne loslassen. Fuhr er früher regelmäßig aufs Feld, gehe er heute nur noch ab und zu hinaus. Bloß … wenn der Oberkulmer Rotkorn Ende Juli kurz vor der Reife rötlich schimmere, das sei schon wunderschön anzusehen. Und plötzlich gerät Johann Moser, der freundlich-zurückhaltende Tüftler, heftig ins Schwärmen. „Wenn der Wind durch die Ähren streicht und das Getreide wogt … das ist so toll. Das ist die schönste Zeit. Das finde ich schöner als jeden Blumenstrauß!“ (SE)

Kurz und wichtig

- Vor hundert Jahren prägten Dinkelfelder das Landschaftsbild im Schwäbischen, in Franken und im Voralpenland. Dinkel, eine traditionelle Kulturpflanze, war ein beliebtes und geschätztes Getreide. Später wurde es vom leichter anzubauenden und ertragreicheren Weizen verdrängt und verschwand beinahe.
- Heute gibt es eine Handvoll Urdinkelsorten, die nie mit Weizen gekreuzt wurden, u. a. Oberkulmer Rotkorn. Urdinkel ist robust und kann noch auf 1.000 Metern Höhe angebaut werden. Anders als Weizen verträgt Urdinkel kaum Kunstdünger und wird vor allem von Biobauern angebaut.
- Das Korn hat einen hohen Protein- und Klebereiweißgehalt, das Mehl lässt sich hervorragend verarbeiten. Familie Moser nutzt die Vorteile des Urdinkels und produziert daraus ein breites Sortiment an Nudeln aus Vollkorn- und Auszugsmehl. Sie beliefern VonHier mit Hörnle, Spirelli, Penne, Fusilli, Band- und Suppennudeln sowie Spaghetti.

Tobias Moser

St.-Felizitas-Straße 23, 86860 Jengen/Weinhausen (Bayerisch Schwaben)

Familienbetrieb im Vollerwerb mit gewerblicher Verarbeitung (Herstellung und Vermarktung von Dinkelprodukten) – biozertifiziert seit 1982 – Anbauverband: Bioland

Betriebsorganisation
Ackerbau mit Schwerpunkt Biodinkel
(Die Herstellung und Vermarktung von Vollkorn-Dinkelnudeln (ohne Ei), wie der Zukauf von Biodinkel von durchschnittlich 4 Zulieferbetrieben läuft als Gewerbebetrieb „Dinkelnudeln Moser" unter den Namen Johann und Marianne Moser).

Landwirtschaftliche Nutzfläche
19 ha Ackerland (Dinkel, Hafer, Ackerbohnen, Dinkel, Kleegras)
Mistzukauf von einem Bio-Hühnerhalter

Gebäude
Bäuerliche Hofstelle
Gebäude und Vorrichtungen zur Lagerung von Getreide

Arbeitskräfte
2 Familien-AK + 3 Teilzeitkräfte auf 450 €-Basis

Maschinen
1 Schlepper + Sä- und Pflegegeräte
Große Maschinen werden im Familienverbund verliehen.
Anlage zur Herstellung von Dinkelnudeln

Energiebereitstellung
Photovoltaikanlage 28 kWh
Beteiligung an einer Windkraftanlage und der Hackschnitzelheizung des Nachbarn

Produktion
60 Tonnen Bio-Vollkornnudeln (36 Sorten) aus eigenem und zugekauftem Biodinkel

Vermarktung
Knapp die Hälfte der Bio-Vollkornnudeln wird über die Marke VonHier vertrieben, der Rest über Naturkostläden, den Naturkostgroßhandel bzw. einen eigenen Onlineshop.

Einmal Rebell, immer Rebell

Warum Gottfried Härle für bekömmliches Bier streitet

Nein, Biobier verkaufen, das wollte er eigentlich nicht. Denn damals, wo immer er durch die Läden lief, da standen sie irgendwo am Rand in einer Ecke, die Kisten mit dem Biobier. Stets nur eine oder zwei, unscheinbar, versteckt und staubig. Dazu der Ruf, dass das Gebräu ohnehin nicht schmecke und man es eher aus Solidarität mit der Ökobewegung trinke denn aus Genuss. Und da hätten seine Schätze darunter sein sollen?

Gottfried Härle aus Leutkirch schüttelt den Kopf und winkt ab. Nachhaltig und ökologisch Bier produzieren, das könne er auch ohne Biosiegel. Nachhaltig gutes Bier brauen, das war und ist ihm wichtiger als Biosiegel und Biovermarktung: „würzig-frisch, bekömmlich, süffig" – für ihn kein leerer Werbespruch, sondern ein Versprechen, das er auf eigene Weise erfüllt.

… Und die Sache mit dem bio, die wollte er sich noch eine Weile anschauen, vielleicht käme die richtige Zeit später.

Biohopfen vom Demeter-Hof Bentele kurz vor der Ernte: Nur hier an der Argen, wo der Fluss gleich in den Bodensee mündet, kann man diese Qualität in Deutschland finden. Vater Peter Bentele und sein Sohn Johannes prüfen ein letztes Mal die zapfenartigen Hopfenähren.

„Klar weiß ich, der Hopfenmarkt ist leer." Bentele kommt wieder ums Auto herum und schaut Gottfried Härle mit festem Blick an: „Du, ich werd' bissl was einlagern, auch wenn ich's teuer verkaufen könnt'."

„Da wär' ich Euch dankbar."

Die staubigen Kisten, das war Anfang der 1990er-Jahre. Heute erzielt die Brauerei Härle über dreißig Prozent ihres Bierumsatzes mit Biobieren – „bei dreiundzwanzig Prozent Mengenwachstum in den letzten zweieinhalb Jahren!" Die richtige Zeit, sie ist da: Der Bioboom wirkt längst bis in die Branche. „Wir müssen nicht viel tun", sagt Gottfried Härle. „Unser Biobier verkauft sich von selbst. Wir brauchen nicht mal einen Außendienst."

Derzeit richten immer mehr Super- und Getränkemärkte gezielt Ecken mit Biobier ein: Ecken, die zentral liegen und wo die Flaschen nicht staubig werden. Ecken, die mit Vielfalt locken, was der wachsenden Nachfrage in Deutschland nach Bierspezialitäten voll entspricht.

Gerade öffnet sich die Klappe des Kofferraumes, sie hebt sich fast wie der Vorhang im Theater. Doch der Laderaum des Vans birgt nichts als drei Pappkartons in der Größe einer Umzugskiste. „Schau mal!" Peter Bentele macht eine einladende Geste. „Riechst' das?" Seine Augen leuchten so hell, dass klar ist: Er bringt etwas Besonderes, einen Schatz. Schon öffnet er den vorderen Karton – es kommen graue, undurchsichtige Vakuumtüten zum Vorschein. Dann aber der Duft: die kräftige, aromatische Note von Hopfen. „Und das, obwohl er luftdicht eingeschweißt ist!" Der Biobauer weiß genau um diesen Überraschungsmoment seines Hopfens. Würzig ist er, reich an Bitterstoffen. Und damit sehr begehrt unter Brauern. Bei der Verarbeitung zu Pellets werden so geballt Aromastoffe frei, dass es für lange Zeit intensiv duftet.

„Wie viel hast' denn dabei?" Gottfried Härle verschränkt die Arme und legt das Kinn auf die Spitze des Zeigefingers. „Es sollt' 'ne Weile reichen...", schmunzelt Bentele, verschwindet in der Seitentür des Vans und sucht nach dem Lieferschein. Härle nickt: „Weißt', dieses Jahr ist die Nachfrage so groß. Es gibt Engpässe bei den Rohstoffen."

Gefragte Spezialitäten – und zwar von einem, der sich trotz vier Generationen Unternehmensgeschichte nie als Bierbrauer sah. „Mein Vater hat sich gewünscht, dass ich Brauereitechnologie studiere und als Brauer in den Betrieb einsteige." Gottfried Härle aber zog es vor, VWL zu studieren. Im Vergleich zu seinem Bruder aber nur eine kleine Rebellion: Der eigentliche Unternehmenserbe lehnte die Nachfolge ab und konzentrierte sich auf ein Studium von Philosophie und Soziologie. Die Zeit war einfach eine, in der man alles anders machte als die Väter: Haarschnitt, Kleidung, Musik, Denken...

„Wir lebten voll im 68er Zeitgeist." Gottfried Härle Jahrgang '54, sein Bruder '50. Beide kritisch, beide aktiv. „Um uns überall heftige politische Diskussionen." Und das im Allgäuer Leutkirch: einem malerischen 20.000-Kopf-Städtchen, wo die Welt doch eigentlich in Ordnung war. „Keineswegs! Denken Sie allein an das damals allgegenwärtige, unzureichend aufgearbeitete Nazitum."

„Konfrontation mit den Eltern war Thema." Doch Vater Karl-Clemens stand hinter seinen Söhnen: Ganz in der bodenständigen, schwäbischen Unternehmertradition gab er ihnen den Mut und das Selbstvertrauen, ihren Weg zu gehen. „Auch wenn er bei Weitem nicht immer unserer Meinung war!"

Der Weg, er führte Gottfried Härle als 17-Jährigen zu einem Schülerjahr in die USA. 1971, mitten im Vietnamkrieg. „Ich hatte Kontakt zu Soldaten und Veteranen und hab' mich der Antikriegsbewegung angeschlossen." Nur konsequent, dass der junge Rückkehrer den Kriegsdienst verweigerte: als Exot in seiner Heimatstadt Leutkirch, als einer von wenigen in Deutschland. Der Vater akzeptierte das – vielleicht weil er selbst einen Krieg erlebt hatte: Sieben Mal musste er im Zweiten Weltkrieg aus der Gefangenschaft flüchten, bis ihm die Heimkehr nach Leutkirch gelang.

Als wäre all das für einen Jugendlichen nicht aufwühlend genug: 1972 erschien der erste Bericht des *Club of Rome*, „Die Grenzen des Wachstums". Experten aus mehr als dreißig Ländern waren sich einig: „Wenn die gegenwärtige Zunahme der Weltbevölkerung, der Industrialisierung, der Umweltverschmutzung, der Nahrungsmittelproduktion und der

Der Hopfenanbau war zu Beginn ein Verlustgeschäft. Gut, dass der Bentele-Betrieb seit 20 Jahren auch seine Tafeläpfel in das VonHier-Programm liefert.

Ausbeutung von natürlichen Rohstoffen unverändert anhält, werden die absoluten Wachstumsgrenzen auf der Erde im Laufe der nächsten hundert Jahre erreicht." Die Studie löste heftige Kontroversen aus. „Klar hat mich das beeinflusst."

„Bei mir war es *The silent spring*, Der stumme Frühling." Peter Bentele sitzt am Besprechungstisch im Brauereikontor, schlürft heißen Kaffee und für einen Moment glühen seine Wangen. „Das Buch habe ich mit 16 gelesen und es hat mich wahnsinnig beeindruckt." Autorin Rachel Carson thematisiert darin die Zerstörung der Tier- und Pflanzenwelt durch den Einsatz von Pestiziden und Herbiziden. Das 1962 erschienene Werk gilt als Auftakt der weltweiten Umweltbewegung. Und den Landwirt aus Tettnang trieb noch etwas anderes an: „Ich bin vermutlich selbst Betroffener." Zwei seiner drei Kinder sind von Geburt an blind: Michael, Jahrgang 1981, einst Spitzensportler, heute Verwaltungsbeamter an einem bayerischen Ministerium, und Verena, Jahrgang 1982, früher Spitzensportlerin und zwölffache Paralympics-Siegerin, dann Politikerin und seit Mai 2018 Präsidentin des Sozialverbandes VdK Deutschland.

Wegen der beiden stand für Benteles fest: „Wir stellen um, koste es, was es wolle."

Allerdings kostete es einiges; nicht nur die Umstellung auf Demeter-Landwirtschaft 1984, sondern auch die Folgejahre: „Ich habe geschafft für zwei und doch viel weniger verdient

Gottfried Härle ist Friedensaktivist, Umweltschützer und Streiter für ein bekömmliches Bier. Er legt Wert auf unverkennbare Markenzeichen: rote Socken, Cordsakko, Schnauzbart.

Investieren ohne Wachstumszwang: Die neue Abfüllanlage schafft wie die alte 8.000 Flaschen pro Stunde. Hier zählt der Inhalt, nicht die Menge: würzig, frisch, bekömmlich.

als vor der Umstellung.“ Es fehlte an allem: Wissen, Unterstützung, Maschinen. Beim Obst ging es halbwegs, da gab es bereits eine kleine Ökoszene am Bodensee und die Erfahrung aus 50 Jahren Demeter-Verband. Beim Hopfen ist Bentele bis heute der einzige Demeter-Landwirt und einer von nur acht Bio-Hopfenbauern in Deutschland.

Der drahtige Mann mit dem kräftigen Schnauzer nimmt noch einen Schluck Kaffee, lehnt sich im Stuhl zurück und wiegt den Kopf. „Ich habe beim Hopfen etwa zehn Jahre lang Geld kaputt gemacht.“ Nur die Einkünfte aus dem Obstanbau finanzierten in dieser Zeit Betrieb und Familie. Doch er blieb zuversichtlich. „Ich hatte großes Gottvertrauen. Ich wusste, wenn das bio gut ist, lässt's der Herrgott gedeihen.“

Heute erzielt Peter Bentele ähnliche Erträge wie seine konventionellen Kollegen, hat sogar mehr Bitterstoffe im Hopfen.

Während Bentele in Langnau den Betrieb neu aufstellte, kehrte Gottfried Härle der Brauerei den Rücken: Der damals 29-Jährige ging nach Stuttgart und half bei der Organisation einer Menschenkette für den Frieden, gegen das Wettrüsten zwischen den USA und der Sowjetunion. Ein Vollzeitjob. Ohne Fax, Handy und Internet mobilisierten er und seine Mitstreiter 200.000 Menschen – sie bildeten am 22. Oktober 1983 eine über einhundert Kilometer lange Menschenkette von Ulm bis Stuttgart. „Wir haben den Abrüstungsprozess beeinflusst!“

Dann, 1984, stieg Härle als Geschäftsführer daheim ein und unterstützte nun Vater und Onkel. „Das war gründlich überlegt. Immerhin hieß es, dass kleine Brauer keine Chance haben.“ Vom Brauerei-Sterben war die Rede, vom Wachsen, Fusionieren oder Weichen. „Aber unser Betrieb war wirtschaftlich gesund. Ein bissl hat's stagniert, ja, aber im Großen und Ganzen waren wir solide aufgestellt.“ Dazu die fast hundert Jahre lange Geschichte, das markante Backsteinhaus, die vielen Erinnerungen. „Das wollt' ich weitermachen.“

Noch heute steht er nahezu unverändert, der Ziegelbau, den Urgroßvater Clemens 1896 errichtete und schon im Folgejahr zum Bierbrauen in Betrieb nahm. Der Brauereigasthof, mit dessen Erwerb 1895 die Unternehmensgeschichte begann, wird 2018 400 Jahre alt. „Wir brauchen kein *storytelling*, die Geschichte ist da. Wir brauchen nichts erfinden.“

Doch wie führt man so viel Tradition in die Zukunft? „Über unsere Positionierung habe ich mir viele Gedanken gemacht: Ich wollt' unsere Bierkompetenz ausbauen.“ Nur drei Sorten brauten die Härles damals. „Und ich wollte Umweltverantwortung ins Unternehmen bringen.“ Die könne er als Unternehmer doch nicht an der Haustür abgeben. „Zu Hause öko und dann sagen, das Unternehmen ist eine andere Welt mit anderen Gesetzen, das geht nicht.“

1991 schaffte die Brauerei die Alu-Folien an den Flaschenhälsen ab. Das reduziert Müll und hilft der Umwelt: Die Herstellung von Aluminium ist sehr energieaufwändig und

zerstört Lebensgrundlagen, unter anderem weil gefährlicher Rotschlamm entsteht, reich an giftigen Schwermetallen. Da die Brauerei all das thematisierte und das eingesparte Geld dem Umweltkreis Leutkirch spendete, wurde sie zum Stadtgespräch und die Ökoaktion ein Marketing-Clou. Mit dem Geld finanzierte der Verein eine Ausstellung über das Landschaftsschutzgebiet Adelegg. „Dort entspringt ja auch unser Brauwasser." Nur 36 Kilometer von der Brauerei entfernt.

Wasser, Hopfen, Malz und Hefe – das Deutsche Reinheitsgebot von 1516 legt die Zutaten für Bier genau fest. „Damit sind wir Brauer elementar auf die Qualität der Rohstoffe angewiesen." Auch deshalb möchte Gottfried Härle mit nachhaltig erzeugten, unbelasteten Zutaten arbeiten: Verschmutzte Umwelt bedeutet verschmutztes Bier.

Beispiel Glyphosat: Eine Studie des Umweltinstituts München von 2016 und die Folgestudie zu den vierzehn beliebtesten deutschen Bieren gingen durch die Medien. Der höchste 2016 in einer Flasche gemessene Glyphosatwert lag bei 29,7 Mikrogramm pro Liter und damit fast 300-fach über dem Grenzwert von Trinkwasser. Die Ergebnisse der Folgestudie 2017 sahen zwar weit besser aus und alle getesteten Brauereien hatten die Rückstände minimieren können. Doch wirklich zurücklehnen konnten sich nur wenige – wie Braureichef Härle: „Unsere Biere sind glyphosatfrei." Anlässlich der beiden Studien hatte Härle sein Bier untersuchen lassen. Und das, obwohl er das Ergebnis eigentlich schon wusste: Denn seit 1994 lässt er sein Braugetreide (die Belastung kommt meist über die Gerste) kontrolliert-integriert anbauen – von Landwirten aus Oberschwaben und dem Unterallgäu. Ein Drittel seiner Braugerste kommt zudem aus Öko-Landbau. „So weiß ich, wo's herkommt und wie die Bauern arbeiten. Und ich unterstütze Landwirte in der Region."

Keine ganz einfache Angelegenheit: Derzeit benötigt die Brauerei pro Jahr insgesamt etwa 600 Tonnen Braugerste, bio und konventionell. „Von manchen Bauern bekomme ich aber nur fünf, acht oder mal zwölf Tonnen." Da wird die Beschaffung hin und wieder zum Geduldsspiel: Die etwa fünfundzwanzig Landwirte brauchen keine Mindestmenge zu liefern: „Wenn ich sie damit unter Druck setze, gefährde ich die Transparenz." Also liefern sie, was sie können. „In manchen Jahren fragen wir uns bis zum Schluss: Wie viel wird's wohl?" Und dann telefoniere sich seine Mannschaft die Finger wund, um die nötigen Mengen zu besorgen.

Soviel Mühe, um nachhaltig erzeugte Rohstoffe zu sichern und Belastungen mit Umweltgiften auszuschließen – für ein Getränk, das Alkohol (Ethanol) enthält? „Nun, Bier ist ein Genussmittel und Genuss hat immer auch mit Verantwortung zu tun."

Genuss und Verantwortung, der Leutkircher Unternehmer definiert die Begriffe viel weiter, als den Moment des Trinkens. Genuss und Verantwortung beginnen für ihn bei der Beschaffung der Rohstoffe und greifen im gesamten Prozess der Herstellung bis zu Vertrieb und Absatz. Bis vor wenigen Jahren nutzte die Brauerei in ihrer Werbung den Begriff „bekömmlich" – nicht zuletzt, um auf all diese Aspekte hinzuweisen.

Nach den ersten ökologischen Einzelmaßnahmen zu Beginn der 1990er-Jahre veranlasst Gottfried Härle eine Standortbestimmung: Er will wissen, wie seine Brauerei auf die Umwelt Einfluss nimmt und wie er sie umweltfreundlich entwickeln kann. Er erstellt mit dem Institut für Agrarinformatik an der Universität Hohenheim eine Umweltbilanz: Wo kommen die Rohstoffe her? Welche Transportwege legen sie zurück? Wie viel Wasser und Energie verbraucht die Brauerei? Und wie viel Reinigungsmittel? Das und mehr erfasst die Umweltbilanz der Brauerei und zeigt auf, was sich verbessern ließe. Mehr noch: Mit der Veröffentlichung 1994 wird das Unternehmen wieder zum Stadtgespräch. Diesmal nicht nur in Leutkirch.

„Viele große Medien haben berichtet." Was auch Ziel des Rührigen war. Er wollte die öffentliche Diskussion. „Themen wie Umwelt, Ressourcen und Wasser, die gab es schon. Aber nicht in Verbindung mit der Wirtschaft." Um das zu ändern,

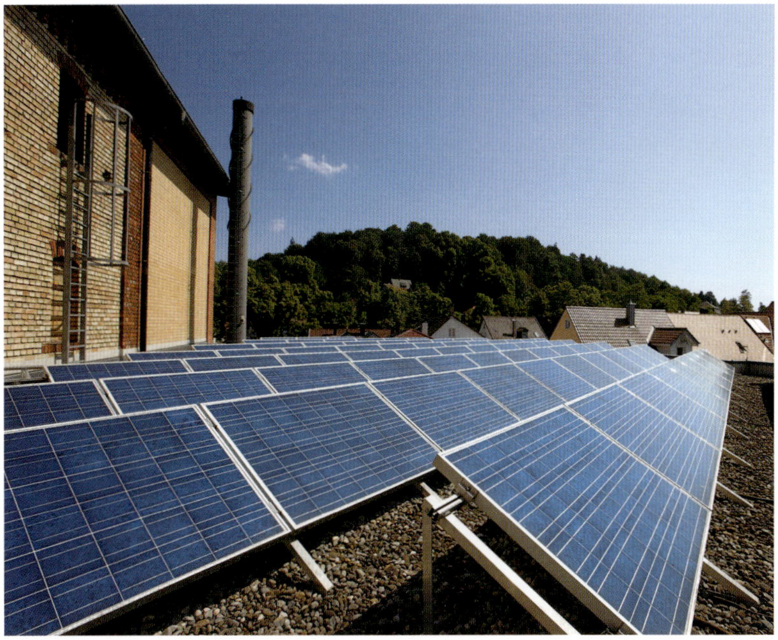

Alter Backsteinbau, modernes Energiekonzept: Auch dank der Photovoltaik-Anlage entstehen die Biere in Leutkirch klimaneutral

hatte Härle zwei Jahre zuvor schon den Verein UnternehmensGrün mitgegründet: ein Zusammenschluss von Unternehmern, Beratern und Führungskräften, die „Lobbyarbeit im Sinne der Umwelt" betreiben. „Uns hat immer gestört, wie die offiziellen Unternehmerverbände andere Positionen als unsere vertreten: Umweltthemen wurden heruntergespielt und es hieß, Umwelt behindere die Wirtschaft. Deshalb wollten wir die grüne Stimme aus der Wirtschaft sein." Aus den damals siebzehn Gründungsmitgliedern sind heute 240 geworden, bis heute engagiert sich Gottfried Härle im Vorstand.

Die Ergebnisse und Zielvorgaben der Umweltbilanz haben die weitere Entwicklung seiner Brauerei wesentlich beeinflusst. Heute arbeitet der Unternehmer konsequent mit Rohstoffen aus der Region und vertreibt seine Biere größtenteils im Fünfzigkilometerradius um die Brauerei. „Achtzig Prozent bleiben sogar im Dreißigkilometerumkreis." Die CO_2-Emissionen des Fuhrparks werden kompensiert, zwei PKW und die Fahrräder vieler Mitarbeiter werden elektrisch betrieben. Der Strom kommt zu einem Viertel aus den eigenen Photovoltaikanlagen, der Rest als Ökostrom aus dem Netz. Zudem laufen alle Prozesse klimaneutral ab – bis zum Betreiben der eigenen Internetseite. Geheizt wird mit regional erzeugten Holzhackschnitzeln, und viele weitere Aspekte zeugen vom Umweltengagement Gottfried Härles.

Bleibt nur die Sache mit dem Alkohol … Wie „bekömmlich" kann alkoholhaltiges Bier denn sein? Härles Antwort ist deutlich: „Wir sind der festen Überzeugung, dass unser Bier bekömmlich ist." Denn welches Bier, wenn nicht dieses, dürfte sich so nennen? Bier, dessen Herstellung kaum einen ökologischen Fußabdruck hinterlässt und dessen Genuss dabei hilft, Natur, Umwelt und Ressourcen zu schonen.

Gar kein Bier! Auch das eine deutliche Antwort: Am 30. Mai 2015 schickt der Verband Sozialer Wettbewerb einen Brief nach Leutkirch und erwirkt den richterlichen Beschluss, dass Gottfried Härle sein Bier nicht mehr als „bekömmlich" bewerben darf.

Laut Duden stammt das Wort aus dem Mittelhochdeutschen und bedeutet so viel wie „passend, bequem". Der Berliner Verband sieht das anders: Das Wort suggeriere einen gesundheitlichen Nutzen, den Bier nicht habe, die Verwendung verletze die Health-Claims-Verordnung der Europäischen Union aus dem Jahr 2006.

Gottfried Härle – nun konfrontiert mit dem Vorwurf, die Verbraucher zu täuschen und sich einen Vorteil gegenüber Mitbewerbern zu verschaffen. Er schüttelt den Kopf: „Wieviel Denken darf die Bürokratie einem mündigen Bürger abnehmen? Inwieweit muss man sich bevormunden lassen, was einem guttut und was nicht?!" Er reibt sich das Kinn: „Die EU steht vor ganz anderen Herausforderungen und hat wichtigere Probleme zu lösen!" Nicht zuletzt lassen sich Trinksprüche wie „Prosit" und „Wohl bekomm's" weit in die

„Gott erhalt's!" – Gute Qualität beginnt bei den Rohstoffen, das wissen alle hier am Tisch. Von links: Hopfenbauer Johannes Bentele, daneben Brauereichef Gottfried Härle und Braugerstenerzeuger David Weber sowie Johannes' Vater Peter Bentele.

Die Nachfolge im Familienunternehmen ist gesichert: Das „Nachbarsmädle" Esther Straub arbeitet schon jetzt, parallel zu ihrem Aufbaustudium, an der Seite von Gottfried Härle und ist als Nachfolgerin vorgesehen.

Geschichte zurückverfolgen, sie sind Teil vieler Kulturen. Was hier nun passiert, entspricht nicht dem Gerechtigkeitsempfinden des Leutkirchers: Er widersetzt sich und trägt die Sache vor die Gerichte.

„Na, zum Wohle!" Peter Bentele sitzt gelassen am großen, hölzernen Tisch im Brauereigasthof und dreht eine schlanke Biertulpe zwischen den Fingern. Ihr Inhalt: waldhonigfarben, mit fein gezeichneter Schaumkrone. Winzige Kohlensäureperlen steigen ruhig im Glas auf, sie erinnern an Sekt. Das „LandZüngle" ist eines der Biobiere aus dem Brauerei-Sortiment und wird nur als Fassbier angeboten.

Bentele blickt eine Weile versonnen in sein Glas, dann überlegt er: „Seit wann machen wir das, wann hast' angefangen, das LandZüngle zu brauen?" Gottfried Härle faltet die Hände auf dem Tisch ineinander, schiebt den Oberkörper nach vorn. „2003. Ist mein erstes Biobier. Seit dem arbeiten wir zwei z'am." Erstaunt hebt Bentele den Kopf: „Mei, die Zeit vergeht!"

„Bei mir sind's heuer zehn Jahre, vielleicht elf", grübelt David Weber, der mit den beiden am Tisch sitzt. Der Landwirt vom Biohof Oberschwaben, nicht weit von Biberach, ist einer der zwölf Lieferanten von Bio-Braugerste. Härle schmunzelt, lehnt bequem gegen die Rückbank, die Arme verschränkt. Doch statt erneut eine Erwiderung zu geben, nickt er in Richtung Tür: „Die Esther ist da." Eine junge Frau tritt gerade ein. Kurz sucht ihr Blick, dann kommt sie lächelnd zum Tisch. Schulterlanges, glattes Haar, aufrechter Gang, selbstbewusst.

Härle wäre wohl nicht Härle, würde er in der Unternehmensnachfolge einen konventionellen Weg gehen. Und so ist sie es, Esther Straub, die einst die Brauerei weiterführen wird. „'S Nachbarsmädle", konstatiert der Senior und nickt zufrieden: Seit je her gingen die Straub-Geschwister im Haus der Härles aus und ein: „Als wären es unsere eigenen." Bei Esther wurde aus Zuneigung und kindlichem Interesse Begeisterung: Schon als Schülerin half sie in der Brauerei mit, führte mit 19 Jahren eine Brauereiwirtschaft, studierte Internationale Politik und Jura und blieb voller Neugier am Thema Bier. In all der Zeit wahrte sie das warmherzige, achtsame Verhältnis zu Härles.

Vor nunmehr zwei Jahren startete die 28-Jährige in der Brauerei. „Ganz auf Augenhöhe", unterstreicht ihr Mentor. „Wer Zeit hat, macht's", grinst Esther und zwinkert ihm zu. Was hemdsärmelig klingt, fundiert auf Wissen und Erfahrung. Denn unter anderem absolviert die Fachfrau derzeit ein Aufbaustudium in Friedrichshafen zur Nachfolge in Familienunternehmen, und für die Masterarbeit untersucht sie Biobiere, ihre Marktentwicklung und Positionierung (Thema „Die Erkenntnisse des Neuromarketings für die Positionierung von Bio-Bier").

„Hab' mich gern dafür entschieden", erzählt sie. Die Entscheidung für Härle sei auch eine für ihre Heimat und für Leutkirch. Während andernorts Austauschbarkeit und schneller Wechsel das Wesen von Management und Geschäftsführung bestimmen, weiß Esther Straub, wo sie ihr Wissen in den nächsten Jahren (und Jahrzehnten) einsetzen wird: „Das ist nicht nur irgendein Unternehmen, wo man sich halt bewirbt und dann arbeitet. Die Brauerei ist ein Teil von uns, sie hat Geschichte und Charakter. Für mich ist sie nicht austauschbar." … Und sie produziert Getränke, die eine Bezeichnung als „bekömmlich" unter so manchem Gesichtspunkt wohl verdient hätten. Doch das Urteil steht: Am 17. Mai 2018 entscheidet der Bundesgerichtshof in Karlsruhe, dass die Brauerei das Wort nicht verwenden darf. (FG)

Kurz und wichtig

- Gottfried Härle leitet in vierter Generation die Brauerei Härle in Leutkirch.
- In einer Zeit, da der Bierkonsum deutschlandweit rückläufig ist, gelingt es ihm, seinen Absatz zu vergrößern (1984: 25.000 Hektoliter im Jahr, 2017: 32.000) – obwohl Wachstum nicht sein unternehmerisches Ziel ist.
- Vielmehr möchte er nachhaltig, transparent und regional gute und in seinem Sinn „bekömmliche" Getränke brauen.
- Seit 2003 stellt Härle zertifiziertes Biobier her, aktuell vier Sorten. Seit 2008 produziert das Unternehmen zudem ein alkoholfreies Bio-Erfrischungsgetränk: Die vier Sorten SeeZüngle werden im Brauverfahren aus heimischen Früchten erzeugt.
- Die Umwelteinflüsse der Brauerei wurden 1994 anhand einer Ökobilanz ermittelt und seither kontinuierlich reduziert, u.a. arbeitet das Unternehmen klimaneutral, konzentriert sich beim Rohstoffbezug auf die Region, bezieht Ökostrom und erzeugt eigenen Strom. Die Brauerei erhält seit vielen Jahren regelmäßig Auszeichnungen für sein Umweltengagement.
- Einer von Härles Lieferanten ist Peter Bentele, der als einziger Demeter-Bauer in Deutschland Hopfen anbaut. Sein Hof liegt knapp 35 km Luftlinie von der Brauerei entfernt.
- David Weber in Biberach-Mettenberg liefert als einer von zwölf Landwirten Bio-Braugerste, von ihm kommen jährlich etwa 70 bis 80 Tonnen.
- Seit 1989 ist Gottfried Härle mit seiner Frau Ursula verheiratet – die bewusst nicht in das Familienunternehmen mit eingestiegen ist. Sie betreibt eine Steuerkanzlei in Leutkirch.
- Da die Ehe kinderlos blieb, setzt Härle die Tradition des Familienunternehmens fort, indem er „'s Nachbarsmädle" Esther Straub auf die Aufgaben der Geschäftsführung vorbereitet.

Brauerei Clemens Härle

Am Hopfengarten 5, 88299 Leutkirch im Allgäu
Inhaber: Gottfried Härle

Brauerei – biozertifiziert seit 2003 bei Bioland

Betriebsorganisation
Herstellung von 15 Biersorten (davon 4 Ökobiere) sowie 4 Sorten eines alkoholfreien Bio-Erfrischungsgetränkes
Vertrieb mit eigenem Fuhrpark

Gebäude
Traditionelles Gebäudeensemble mit Brauerei, Kontor, Brauereigasthof, ehemaliger Landwirtschaft, Biergarten mit altem Baumbestand und Hopfengarten
Brauereigebäude Baujahr 1896 – letzte Modernisierung 2017

Arbeitskräfte
34 Vollarbeitskräfte

Anlagen
Sudkessel, Flaschenabfüllanlage, Gär- und Lagervorrichtungen

Energiebereitstellung
Hackschnitzelheizung für den Wärmebedarf der Brauerei (800KW)
Strom zu einem Viertel aus den eigenen 5 Photovoltaikanlagen (200 KW), der Rest als Ökostrom aus dem Netz.

Vermarktung
Biere und Erfrischungsgetränke an die regionale Gastronomie, Lebensmittel- und Getränkefachgroßhandel
Ein Ökobier und vier Erfrischungsgetränke in die Marke VonHier

Wenn das der alte Fritz

Seit vier Generationen immer aufwärts

noch erlebt hätte

Wenn Wolfgang Weber über seinen Großvater spricht, sagt er Sätze wie diesen: „Mit dem hat meine Großmutter wirklich viel mitgemacht."

Das mag beunruhigend klingen, beschreibt aber vor allem ein beeindruckendes Leben: Fritz Weber, 1911 als Sohn eines Landwirts geboren, interessierte sich nämlich früh für die Kreisläufe der Natur. Wenige Jahre nach Ende des Zweiten Weltkrieges, als es in der Landwirtschaft angesichts von Millionen Flüchtlingen und Vertriebenen darum ging, die Versorgung der Bevölkerung zu sichern, experimentierte er mit Gülle und Mist. In den 1950er-Jahren versuchte er, aus Gülle Energie zu gewinnen und baute eine Biogasanlage, die zweite in Deutschland. Die Leute im Dorf lachten, nannten ihn einen Spinner, einen Verrückten. Dabei war er einfach seiner Zeit voraus. Lange bevor Nachhaltigkeit zur umweltpolitischen Kategorie wurde – durch den *Club of Rome* und die von den Vereinten Nationen eingesetzte Weltkommission für Umwelt und Entwicklung –, wollte Fritz Weber gesunde Lebensmittel erzeugen und dabei Ressourcen schonen. Wollte bestehende Ökosysteme schützen, natürliche Kreisläufe nutzen. Er suchte Kontakt zu Fachleuten, stand in Kontakt mit dem Schweizer Agrarwissenschaftler Hans Müller, der mit seiner Frau Maria und dem Bakteriologen Hans Peter Rusch die Grundlagen des organisch-biologischen Landbaus legte. Und schließlich ging er, weil er etwas bewegen wollte, sogar in die Politik.

„Er war ein Fanatiker“, sagt Wolfgang Weber mehr als sechzig Jahre später. „Und er war ein Biobauer der ersten Stunde. Dafür bewundere ich meinen Großvater. Neue Ideen brauchen Menschen, die etwas wagen.“

Seine Ideale und seine Zielstrebigkeit gab Fritz Weber an seinen Sohn weiter. Wolfgang Weber senior übernahm 1972 mit seiner Frau Gerlinde den Hof ihrer Eltern in Leipheim. „Auch meine Eltern hörten ständig, alternativer Landbau funktioniere nicht“, sagt Wolfgang Weber junior, mehr als vierzig Jahre später.

Schon in den 1920er-Jahren war in Deutschland die Idee vom ökologischen Landbau aufgekommen, mit der Lebensreformbewegung, die als Reaktion auf die wachsende Industrialisierung eine Rückkehr zur naturgemäßen Lebensweise propagierte. Doch erst in den 1980er-Jahren wurde eine Rahmenrichtlinie zum Ökolandbau erlassen, die Arbeitsgemeinschaft Ökologischer Landbau gegründet. Jetzt konnte sich neben der bestehenden konventionellen eine alternative Landwirtschaft etablieren. Webers Vater stellte seinen Hof 1977 um. Baute einen teuren und komfortablen Laufstall, erzeugte Futter selbst, setzte auf robuste Sorten und Nützlinge statt Pflanzenschutzmittel. Statt mit Handelsdünger düngte er mit Mist, denn er wusste, dass Stroh mit dem Harn und Kot der Tiere viel Stickstoff aufnimmt und dieser, weil er an eine organische Substanz gebunden ist, wesentlich länger im Boden verfügbar bleibt. So gab er dem Boden zurück, was er

Viele Leute denken, bio und Hightech passen nicht zusammen. Am Weber-Hof schon. Beispiele sind die Melkroboter im Stall und Photovoltaik auf dem Dach – und das Wasserfass kommt mit dem „Fahrzeug-das-gerade-da-ist“ auf die Weide ...

Landkäserei Herzog e.K.

- Standort Roggenburg (Landkreis Neu Ulm)
- gegründet 1995, mittelständische Käserei
- Geschäftsführer: Molkereifachmann Walter Herzog
- über 50 Mitarbeiter (einschließlich Verkäuferinnen auf den regionalen Märkten)
- Biosortiment seit 1996
- Verarbeitung: Biomilch (70%) von Kuh und Ziege sowie konventionelle Kuhmilch (30%), insgesamt 10.000 Liter Bio-Tagesmilch
- Milchlieferanten: 15 Bio-Milchkuhbetriebe, 6 Bio-Milchziegenhalter und 9 konventionelle Kuhmilcherzeuger aus dem 50-km-Radius um die Käserei
- Produkte: Schnitt-, Weich- und Frischkäse, speziell für Feneberg: Frischkäserollen (Wildkräuter, Paprika) und Frischcreme (Kräuter, Sahne) sowie Zaziki
- Abnehmer: eigene regionale Wochenmärkte, Naturkostfachhandel und gehobener Lebensmitteleinzelhandel (u.a. Feneberg Lebensmittel GmbH für die Marke VonHier)

ihm mit dem Anbau von Feldfrüchten entzog. Die Leute im Dorf lachten, nannten ihn einen Spinner, einen Verrückten. War die Ernte gut, raunten sie, er habe heimlich gespritzt. War die Ernte schlecht, lachten sie und sagten, sie hätten es ja gewusst.

Die Webers ließen sich nicht beirren. Wirtschafteten weiter im Einklang mit der Natur und verkauften ihre Produkte auf Bauernmärkten, denn damals gab es kaum Bioläden, aber immer mehr Familien, die sich vollwertig ernähren wollten. Ihre Biomilch lieferten sie noch lange zum konventionellen Preis, denn die örtliche Molkerei stellte erst Jahre später auf bio um. Fanatiker, in der nun zweiten Generation?

Wolfgang Weber junior lacht und reibt sein Kinn. „Ein Betriebswirtschaftler würde anders kalkulieren. Aber mein Vater war der Meinung, wer in der Landwirtschaft auf den Pfennig genau rechne, habe innerlich bereits gekündigt.“

1997 übernahm er selbst den Hof. Heute hält die Familie neunzig Kühe und noch einmal so viele Kälber aus eigener Nachzucht, baut Kartoffeln an und Getreide. Und achtet unverändert auf einen geschlossenen Betriebskreislauf: Futter von den eigenen Flächen (Gras, Klee, Maissilage, Ackerbohnen, Futtergetreide) – Dünger aus dem eigenen Stall (Mist, Gülle). Um die Bodenfruchtbarkeit zu verbessern, hält Weber zudem eine achtjährige Fruchtfolge ein, wechselt zwischen Blatt-, Halm- und Zwischenfrüchten: Wachsen auf einem Feld in einem Jahr Kartoffeln, sät er im folgenden Getreide oder Mais, anschließend als Stickstoffsammler Ackerbohnen

Wolfgang Weber staunt: „Mich bewegt auch heute immer noch, wie neues Leben entsteht."

oder Klee. Diese sogenannten Leguminosen gehen über ihre Wurzeln eine Symbiose mit Knöllchenbakterien im Boden ein, binden Stickstoff und machen ihn für die Pflanzen verfügbar; chemisch-synthetisch hergestellter Stickstoffdünger wird überflüssig. Außerdem bilden Leguminosen ein dichtes Wurzelwerk, sodass Regenwürmer und andere Kleinstlebewesen im Boden ausreichend Nahrung finden und ihrerseits für eine erhöhte Humusproduktion sorgen. Zudem wirkt der beständige Wechsel der Kulturen gegen Unkraut, Schädlinge, Pilze und Krankheiten.

„Nachhaltigkeit bedeutet, langfristig zu denken und verantwortungsbewusst mit der Natur umzugehen." Wolfgang Weber setzt sich an den Tisch in der Stube. Er war den ganzen Tag unterwegs, hat Getreide ausgeliefert. Er öffnet eine Flasche Bioweizenbier, seine Frau bringt selbst gebackenes Brot. Den Direktvertrieb, den ihre Schwiegereltern einst gegründet haben, führt Karin Weber heute fort, verkauft Brot aus eigenem Getreide auf Märkten und im Hofladen, wo sie zudem ein breites Sortiment an anderen Bioprodukten anbietet, aus Betrieben, die sie kennt und deren Produktionsketten sie nachvollziehen kann. „Wer bio ernst nimmt, trans-

Vater Weber und sein Sohn Sebastian sind sich einig: „Nachhaltigkeit bedeutet, langfristig zu denken und verantwortungsbewusst mit der Natur umzugehen."

portiert Lebensmittel nicht um den halben Globus", sagt sie und setzt sich zu ihrem Mann.

„Der konventionellen Logik folgend dürften wir gar kein Getreide mehr ernten." Wolfgang Weber greift nach Brot und Butter. „Unsere Böden müssten längst ausgelaugt sein. Sind sie aber nicht. Im Gegenteil, wir haben seit 1977 keinen Handelsdünger ausgebracht und fahren regelmäßig gute Ernten ein. Weil die natürlichen Kreisläufe einfach funktionieren." Doch, warnt er im selben Moment, Ökolandbau sei keineswegs Bilderbuchlandwirtschaft. Nachhaltigkeit bedeute immer auch, ökologische und ökonomische Aspekte ins Gleichgewicht zu bringen – die Natur nicht dem Gewinn und den Gewinn nicht den Idealen zu opfern. „Unser Hof ernährt drei Generationen, wir sind ein moderner, gewinnorientierter Betrieb." Die Webers vereinen das Ideelle mit dem Finanziellen, weil sie auf Vielfalt setzen, auf die drei Betriebszweige Milchvieh, Ackerbau und Direktvertrieb. Sinkt beispielsweise der Milchpreis, lässt sich der Verlust durch Gewinne in den anderen Bereichen kompensieren. „Aber Vielfalt macht Arbeit und das Ganze funktioniert nur, weil unsere sechs Kinder mithelfen. Die gesamte Großfamilie gibt ihr Bestes für die gemeinsame Sache. Wobei alle es gern tun, denn sie sehen, dass nachhaltiges Wirtschaften funktioniert." Er lehnt sich zurück, beißt in sein Brot, kaut.

Und sieht recht zufrieden aus.

„Ja, es ist gut, etwas Sinnvolles zu tun." Ein leichtes Zucken in seinen Mundwinkeln, ein Lächeln. „Außerdem schmeckt es einfach. Wir bekommen viel Lob von unseren Kunden und das motiviert zusätzlich. In der klassischen Landwirtschaft dreht sich immer nur alles um den Preis, und sobald ein Produkt nicht perfekt ist, eine Tomate nicht vollkommen rund, eine Kartoffel zu klein oder zu groß, wird der Preis gedrückt." Und dann sagt Wolfgang Weber, dass es ihn nach all den Jahren immer noch bewegt zu sehen, wie Getreide wächst. Wie Kälber geboren werden. Wie neues Leben entsteht und die Natur ihrem Rhythmus folgt, Jahr für Jahr, Saat um Ernte.

Ein Ökofanatiker, in der dritten Generation?

Nein, von Fanatismus keine Spur. Nur Überzeugung. Und eine gewisse Demut. Weber hebt eine Braue, schmunzelt. „Man hat seine Prinzipien und die wirft man nicht einfach über Bord."

Jungbauern der Generation Y: clever, weil sie alles hinterfragen (engl. *why*: warum), gut ausgebildet und technologieaffin. So kann Sebastian Weber auch Arbeitsbesprechungen auf die Schaukel verlegen.

Auch in Sebastian Weber, geboren 1990, glimmen Ideale und eine bemerkenswerte Zielstrebigkeit. Früh wusste er, dass er Landwirt werden wollte. Seine Eltern rieten ihm, auch in andere Berufe hineinzuschnuppern – also machte er Praktika: in einer Zimmerei, bei einem Landmaschinenschlosser, beim Anbauverband Biokreis. Nach der Schule begann er eine Lehre. Seine Eltern rieten ihm, auch andere Höfe kennenzulernen – also arbeitete er auf einem konventionellen Milchviehbetrieb in Baden-Württemberg, auf einem Biohof in Nordrhein-Westfalen. Er ging nach Kanada und arbeitete in verschiedenen Betrieben in der Nähe von Toronto. Er kam zurück und besuchte die Technikerschule in Triesdorf, lernte Viehhaltung, Pflanzenbau, Recht und Soziales, BWL. 2012 stieg Sebastian Weber in den Familienbetrieb ein.

Ein Ökofanatiker, in der nunmehr vierten Generation?

Kann ja gar nicht anders sein …

„Liebe und Leidenschaft", erklärt Sebastian Weber und läuft mit ausholenden Schritten durch den Stall, „Liebe und Leidenschaft: Das ist Ökolandwirtschaft." Läge in seinem Lachen nicht etwas Verschmitztes, es klänge pathetisch. Er läuft an zwei Dutzend Schwarzbunten vorbei, die gemächlich fressen – unsere Mädels, nennt er sie. Und bleibt stehen: Nein, das meine er nicht flapsig, im Gegenteil. Die Kühe brächten eine enorme Leistung. Manchmal seien sie wirtschaftlich produktiver als er. Wieder ein verschmitztes Lachen. Einen Moment lang schaut er den Mädels noch beim Fressen zu, dann läuft er weiter, läuft in den hinteren Teil des Stalls, wo er mit Schwung eine Tür öffnet – sich an einen Computer setzt, nach der Maus greift und durch Dateien klickt.

Ein digitaler Kuhstall?

„Viele Leute denken, bio und Hightech passt nicht zusammen. Dabei arbeiten wir mit dem Melkroboter nachhaltiger. Er erleichtert uns Menschen die Arbeit und er ist gut fürs Tierwohl, weil er schonend melkt und rund um die Uhr, sodass die Kühe ihrem eigenen Rhythmus folgen können. Es kommt seltener zu Machtkämpfen zwischen ranghöheren und rangniederen Rindern, die Herde ist ruhiger." Draußen trottet eine Kuh auf den Roboter zu. Leika trägt einen Chip um den Hals, der sie identifiziert, ihr das Tor öffnet, wenn es für sie wieder Zeit ist, gemolken zu werden. In der Reinigungsbox fährt eine Bürste aus, reinigt ihr Euter. In der Melkbox werden Melkbecher über ihre Zitzen gestülpt, präzise gesteuert von Sensoren. Während des Melkens misst der Computer die Milchleistung, sammelt Daten zur Qualität der Milch, zur Gesundheit des Tieres, zum Futter. Und wenn eine Kuh nicht zum Melken erscheint, bekommt der Bauer eine SMS. „Ein Melkroboter ersetzt aber keinen Landwirt. Wir sind es, die die Verantwortung für die Herde tragen, wir gehen durch den Stall und beobachten unsere Tiere, wir achten auf Veränderungen und Auffälligkeiten. Der Roboter erfasst Daten – sie auszuwerten und die richtigen Schlüsse zu ziehen, das ist unser Job." Ihre Milch liefern die Webers über die Molkerei Herzog an VonHier.

Sebastian Weber gehört zur sogenannten Generation Y – technologieaffin, gut ausgebildet, selbstbewusst und im Beruf stets auf der Suche nach Selbstverwirklichung und Sinn. Warum ist ihm nachhaltiges Wirtschaften wichtig?

Er muss nicht lange überlegen. „Als ich in Kanada gearbeitet habe, habe ich eindrücklich erlebt, was Genmanipulation bedeuten kann. Einer meiner Chefs hatte eine

Bienenweide am Weberhof: Phacelia, im Volksmund auch Büschelschön, eignet sich sehr gut als Bodenverbesserer und sichert Imkern gute Honigerträge

neue Fläche gepachtet. Vorher wuchsen dort Mais und Soja, und zwar Sorten, deren Erbgut man manipuliert hatte, sodass Totalherbizide ihnen nichts anhaben. Die Ausbringung dieser Mittel, die Glyphosat enthalten, ist gängig: Man muss nicht einmal viel Ahnung von Landwirtschaft haben, sondern verteilt einfach das Gift auf dem gesamten Bestand und zack, ist alles Unkraut weg. Mit der Zeit bilden die Unkräuter allerdings Resistenzen. Außerdem bleibt das Herbizid ziemlich lange im Boden. Damit sich der Boden regeneriert, hatte mein Chef schon zwei Jahre lang Klee gesät. Doch an vielen Stellen wuchs kein Klee. Überall, wo Schichten schwerer Tonerde waren, hatte sich Glyphosat eingelagert und wirkte weiter. An diesen Stellen wuchs später auch kein Roggen, sodass wir große Ernteausfälle hatten. Damals fragte ich mich: Wollen wir das auch in Deutschland?" Webers junges Gesicht ist plötzlich sehr ernst. „Wenn man so aufgewachsen ist wie ich, weiß man, dass es bessere Möglichkeiten gibt." Schon sein Urgroßvater habe im Bewusstsein gewirtschaftet, dass nicht nur Ressourcen endlich sind, sondern auch die Regenerationsmöglichkeiten der Erde. „Nur eine ökologische Wirtschaftsweise garantiert Nachhaltigkeit. Wenn wir künftigen Generationen ein intaktes Ökosystem hinterlassen wollen, dürfen wir seine Stabilität nicht gefährden."

Wenn er den Hof eines Tages übernähme – was würde er ändern?

Der Morgen beginnt oft früh bei Webers: Um fünf Uhr steht Karin Weber auf und bäckt das Brot für den Hofladen, samstags auch für den Günzburger Bauernmarkt.

Sebastian Weber zögert einen Moment. Sagt: „Meine Eltern haben den Betrieb gut entwickelt." Zögert wieder. Fast druckst er herum. Und platzt dann heraus: „Aber wir Jüngeren lernen Neues, denken anders und wollen die Dinge auch anders machen. Das ist Evolution!" Er lacht.

Also – was würde er ändern, wie würde er den Betrieb in die Zukunft führen?

„Als Erstes würde ich in der Tierhaltung mehr auf muttergebundene Kälberaufzucht setzen. Die Kälber sollten so lange wie möglich bei ihren Müttern bleiben dürfen. Außerdem würde ich das Grünland noch extensiver bewirtschaften, um die Artenvielfalt weiter zu erhöhen. Und für den Ackerbau hätte ich auch eine Idee: Wir betreiben nämlich viel Aufwand, wir hacken und striegeln, um das Unkraut zu bekämpfen – aber wir arbeiten ohne Untersaaten. Wenn wir mit dem Getreide auch Klee aussäen würden, hätten wir eine ganzjährige Bodenbedeckung bei einer Aussaat. Plus Gründüngung. Plus Erosionsschutz. Plus zusätzlichen Klee als Futter."

Und – was sagt sein Chef dazu?

Erneutes Zögern. „Es gibt noch Diskussionsbedarf." Und wieder ein Grinsen. „Aber eigentlich haben wir es dieses Jahr schon ausprobiert, wenn auch eher zufällig. Unsere Rinder fressen hauptsächlich Grünfutter von Äckern, auf denen viel Klee wächst, sie nehmen also die Samen mit auf und scheiden sie aus. Als wir auf den Getreidefeldern kurz vorm Ährenschieben noch einmal Gülle ausgebracht haben, ist der Kleesamen über den Dung in den Boden gelangt. Wir haben quasi mit dem Düngen auch Klee ausgesät." Er steckt die Hände in die Hosentaschen – amüsiert darüber, wie einfach sich seine Idee umsetzen ließ.

Plötzlich klingelt es in seiner Hosentasche. Der Lehrling will wissen, wie er die Sämaschine einstellen muss. Weber erklärt es ihm. „Ich bin auch in die Ausbildung eingebunden", erklärt er, als er das Smartphone wieder einsteckt. „Selbstständig und frei arbeiten, eigene Entscheidungen treffen – genau das wollte ich immer." Wie vorhin sein Vater sieht auch er sehr zufrieden aus.

Was treibt ihn?

Sind es die Gene seines Urgroßvaters?

Ein Schulterzucken. „Ich finde es einfach interessant, Dinge auszuprobieren. Und ich übernehme gern Verantwortung." Er schlägt nach einer Fliege. Und fügt hinzu: „Darum bauen wir demnächst auch Beeren an." Er blinzelt, lacht – und dann erzählt er die Geschichte von den Himbeeren: Immer wieder fragten Kunden im Hofladen seiner Mutter nämlich nach Biohimbeeren. Über Großmarkt, Großhandel oder andere Betriebe waren die aber schwer zu beschaffen.

Hinterm Haus: freilaufende Hühner und der Bauerngarten. Wie die Bauern von einst sind Webers in vielem Selbstversorger. Der Hof wirkt idyllisch – und ist doch das Ergebnis eines zeitgemäßen Konzeptes.

Eine Marktlücke, dachte Sebastian Weber, eindeutig. Und beschloss, sie zu schließen. Konnte ja nicht so schwierig sein. Von wegen! Wochenlang telefonierte er mit Experten, mit Obstbauberatern, Züchtern, Händlern, recherchierte, besuchte Beerenanbauseminare. Biohimbeeren, warnte man ihn, seien empfindlich. Seien anfällig für Schädlinge, die Kirschessigfliege könne ihm in nullkommanix den Bestand vernichten. Sie seien anfällig für Rutenkrankheiten, Wurzelkrankheiten, Pilzkrankheiten wie Botrytis, Krümelfrüchtigkeit und Vektorresistenzen, die ökologisch einwandfrei, also ohne chemisch-synthetische Mittel, zu bekämpfen, schwierig bis aussichtslos sei. Obendrein seien sie sehr witterungsabhängig und im Ertrag schlicht unkalkulierbar. Weber fand all das: interessant. Sein Problem war eher, dass er kein Pflanzgut bekam. Denn er wollte keine Büsche aus Osteuropa, wo die Bio-Kontrollen nicht sehr streng sind, er suchte Biohimbeeren aus deutscher Jungpflanzenaufzucht: von hoher Qualität, möglichst krankheitstolerant, möglichst ertragssicher. Schließlich stieß er auf einen Biohimbeerzüchter im Schwarzwald, der ihm ein paar Pflanzen verkaufte. Inzwischen sind alle Büsche gut angewachsen und gesund. Im ersten Sommer war der Ertrag gering, doch im nächsten Jahr, hofft Sebastian Weber, kann er Biohimbeeren ernten – und Lorbeeren. „Das ist nämlich das Dritte, was ich künftig ändern würde: Ich würde unsere Direktvermarktung weiter ausbauen."

2017 feierten die Webers übrigens das vierzigjährige Bestehen ihres Biohofs. Der alte Fritz Weber hätte sich gefreut. (SE)

Kurz und wichtig

- Bereits in der vierten Generation wirtschaftet Familie Weber erfolgreich nach dem Leitbild des Ökolandbaus: Nutzung eigener Ressourcen bei wenig Zukauf von Material, Rohstoffen, Tieren, Maschinen, Arbeitskraft.
- Die Kombination von Milchviehhaltung und Ackerbau ist Basis für einen möglichst geschlossenen Betriebskreislauf: Ein Teil der auf den eigenen Feldern angebauten Pflanzen wird ans Vieh verfüttert – der so gewonnene Mist und die Gülle werden genutzt, um die Felder zu düngen. So bleiben vorhandene Nährstoffe weitgehend erhalten. Eine achtjährige Fruchtfolge sorgt ebenfalls für hohe Bodenfruchtbarkeit.
- Dritter Betriebszweig neben Milchviehhaltung und Ackerbau ist ein Direktvertrieb. 85 Prozent ihres Getreides vermarkten Webers selbst. Inzwischen verkauft Karin Weber neben Brot und Mehl im eigenen Hofladen auch ein breites Sortiment an Bioprodukten aus anderen Betrieben, die sie kennt und deren Produktionsketten sie nachvollziehen kann. So werden regional erzeugte Lebensmittel regional vertrieben – ein weiterer Kreislauf.
- Im Kuhstall hilft ein moderner Melkroboter, die Herde nachhaltig zu managen. Ihre Milch liefern die Webers über die Molkerei Herzog an VonHier.

Weber Biohof GbR

Riedweg 11, 89340 Leipheim (Bayerisch-Schwaben)

Familienbetrieb im Vollerwerb – biozertifiziert seit 1977 – Anbauverband: Biokreis

Betriebsorganisation
Milcherzeugung
Anbau von Ackerfrüchten (Kartoffeln, Getreide, Himbeeren)

Landwirtschaftliche Nutzfläche
100 ha LN – 35 ha als Grünland und 65 ha als Ackerland bewirtschaftet
20 ha Eigenfläche, der Rest ist gepachtet
Anbau Ackerland: Kartoffeln, Weizen, Gerste, Triticale, Mais, Kleegras, Ackerbohnen, Hafer, Himbeeren
Grünland: Wiesen und Weiden

Viehhaltung
90 Milchkühe und ebenso viele Kälber/Jungrinder (Deutsche Schwarzbunte)
Milchleistung: 7.000 Liter/Kuh und Jahr
Fütterung: Eigenmischung aus Gras, Klee, Maissilage und Ackerbohnen
Natürliche Düngung: 70 % Gülle, 30 % Mist

Gebäude
Alleinstehendes Wohnhaus
Laufstall mit eingestreuten Liegeboxen, Spaltenboden
Außen- und Innenfütterung, 1 Melkroboter
Bergehalle für Heu und Stroh, 3 Fahrsilos

Arbeitskräfte
4 Familien-AK

Maschinen
3 Schlepper, Ladewagen, Heuwerbemaschinen, Güllefass,
Pflug, Sämaschine, Hack- und Pflegegeräte, Kartoffelvollernter
Weitere Maschinen über den Maschinenring

Energiebereitstellung
Photovoltaik 39 KW, Scheitholzofen

Vermarktung
Lieferung der Milch an die Landkäserei Herzog (siehe Infokasten)
Direktverkauf eigener und zugekaufter Bio-Lebensmittel im Hofladen und auf Regionalmärkten

Eine ideale Kombination

Hähnchenmast im Kleinbetrieb

Vielleicht wäre alles anders gekommen, würde sie nicht so innig an diesem Flecken Erde hängen. Diesem Hof in Teuses in Oberschwaben, auf dem sie geboren wurde, den schon ihre Eltern bewirtschafteten, ihre Großeltern, die Urgroßeltern. Auf dem sie groß geworden ist und den zu verlassen sie sich so wenig vorstellen kann, wie ein Mensch sich vorstellen kann, einen Arm oder ein Bein herzugeben. Und wahrscheinlich wäre es auch anders gekommen – allerdings nicht vollkommen anders –, wäre nicht im entscheidenden Moment der Zufall im Spiel gewesen.

Doch der Reihe nach.

Michaela Eisele heiratet Michael Buck. Sie ist Hauswirtschaftsmeisterin, er Landwirt. Die beiden bekommen zwei Töchter. Und weil der Hof in Teuses nicht wie viele gewachsen und immer weiter gewachsen ist, weil er keine Familie mehr ernährt, schult Michael zum Kaufmann um. Im Nebenerwerb halten er und Michaela dreißig Milchkühe ihrer Eltern. Doch dreißig Kühe, ein Vollzeit- und ein Teilzeitjob, zwei Kinder, kein Urlaub, nie Ausschlafen – mit den Jahren wird die kleine Landwirtschaft immer mehr zur Last. Und wirtschaftlich lohnt sie sich auch nicht, sie ist zu klein.

Doch was tun?

Die Kühe abschaffen, den Stall zusperren?

Unvorstellbar, denkt Michaela Buck. „Es ist schön, etwas herzustellen."

Unvorstellbar, denkt Michael Buck. „Wir sind doch in der Landwirtschaft verwurzelt."

Die beiden denken nach. Und haben schließlich eine Idee. Früher wurde auf dem Hof auch Geflügel gehalten, ein paar Legehennen, für den eigenen Bedarf. Was, wenn sie den Kuhstall umbauen und künftig Geflügel halten?

Sie beginnen, sich umzuhören. Legehennen? Masthühner? Welche Haltungsformen gibt es, welche Stallsysteme? Wie sieht es mit der Wertschöpfung aus, mit den Vermarktungsmöglichkeiten? Was machen andere und wie machen sie es?

Viel Auslauf, damit es den Tieren gut geht. Die Hähnchen bei Bucks sind den ganzen Tag auf der Wiese. Sie können sich aber jederzeit in den Stall zurückziehen.

Nur eines, sagen die Bucks, stand schnell fest: Konventionelle Geflügelhaltung kam nicht infrage. „Wir wollen, dass es den Tieren bei uns gut geht."

„Unsere Kühe standen ja auch nicht ständig im Stall. Die haben wir im Sommer immer auf die Weide getrieben."

„Und auf den Feldern haben wir zwar Mineraldünger und chemisch-synthetische Pflanzenschutzmittel ausgebracht, aber nie so intensiv gewirtschaftet, wie es möglich gewesen wäre."

Sie hören sich um, schauen sich um. Und lassen sich beim Landwirtschaftsamt beraten. „Aber mit Biogeflügel konnte man dort wenig anfangen. Man riet uns, Kühe zu halten – in unserer Gegend gehörten auf einen Hof nun einmal Kühe." Michael Buck schüttelt den Kopf.

Michaela Buck seufzt. „Es ging ständig um Größe und Wachstum."

„Man bekommt Zuschüsse, wenn man wächst. Aber immer wachsen, das funktioniert doch nicht …"

„Wir waren schon etwas enttäuscht."

Die beiden schauen sich weiter um, besuchen ökologisch wirtschaftende Betriebe. Und einer dieser Biobauern sagt eines Tages: Sprecht doch mal mit der VonHier-Geflügelberaterin. Er könne VonHier nicht beliefern, zwar wirtschafte er nachhaltig, doch sein Hof liege außerhalb des 100-Kilometer-Radius' rund um den Firmensitz. Sie dagegen …

Und so kommen die Bucks zu Bärbel Reinmuth. Sie stellt ihnen das VonHier-Geflügelprogramm vor. Es basiert auf den Regeln der Anbauverbände Bioland, Naturland und Demeter, geht aber weiter: Vertragsmäster können nur Betriebe in der Region um Kempten werden; Viehfutter wird so regional wie möglich erzeugt; kein Einsatz von Antibiotika, weder prophylaktisch noch therapeutisch. VonHier übernimmt Organisation, Logistik, fachliche Beratung und garantiert eine regelmäßige Abnahme zu kostenorientierten Preisen. „Das klang genau nach der Nische, die wir suchten!"

„Frau Reinmuth hat sich dann unseren Hof angeschaut."

„Sie hat uns wirklich gut unterstützt."

„Professionelle Geflügelmast ist ja etwas anderes als ein paar Legehennen zu halten."

„Wir konnten sie alles fragen, sie immer anrufen."

„Der Rückhalt tat gut, denn es war schon eine große Veränderung."

„Außerdem haben wir schnell gemerkt, dass man es bei VonHier mit Nachhaltigkeit und Regionalität wirklich ernst meint."

Sätze, die nach Idyll klingen, nach PR. Doch genau so sei es gewesen, beteuern beide. Und so stellen die Bucks, ein Jahr nachdem sie begonnen haben, nach neuen Wegen zu suchen, ihren Hof auf ökologische Wirtschaftsweise um. „Aber als der Metzger die Kühe holte, war das schon seltsam." Michaela Buck seufzt.

„Die trächtigen Kühe haben wir noch behalten und abkalben lassen." In Michael Bucks Stimme schwingt etwas mit – leiser Trost, immer noch? „Doch es lohnte sich nicht, dafür den ganzen Betrieb aufrecht zu halten. Wir hatten immer noch viel Arbeit, und weil vier statt vierundzwanzig Kühe im Stall standen, war es im Winter so kalt, dass die Rohre einfroren und wir heizen mussten …"

„Aber als der Stall ganz leer war, war es noch seltsamer."

Einen Moment herrscht Stille.

Ein Blick. Dann lacht Michaela Buck und beide erzählen, wie sie sich an die Arbeit gemacht haben: alle Anbindevorrichtungen abbauen, den Boden betonieren, Abflüsse, Heizung, Lüftung, Leitungen neu installieren, Futter- und Tränkelinien einbauen, einen Kaltscharrraum anlegen. Am Karsamstag 2010 – ja, ausgerechnet zu Ostern – kommen 3.570 Küken. Winzige Eintagsküken, flauschig, laut piepsend. „Die waren unheimlich aufgeregt."

„Nach ein paar Stunden haben sie sich dann beruhigt."

„Als sie die Futterschalen entdeckt haben!"

Anfangs, räumen Bucks ein, hätten sie sich zwischen den vielen Küken, den Hähnchen wie in einem fremden Land gefühlt. Mit Milch- und Mutterkühen kannten sie sich aus – nun mussten sie sich neu orientieren, eine fremde Sprache lernen, um zu verstehen, was passierte. „Wir haben die Tiere ständig beobachtet. Da drüben hockt ein ganzes Knäuel beieinander, ist das normal? Ist denen kalt?"

„Und sie piepen so – haben sie Hunger?"

„Wir sind ständig in den Stall gelaufen."

„Aber es war spannend."

Langsam, mit ruhigen Bewegungen, gehen Michael und Michaela Buck durch den Maststall, kontrollieren ihre Herde. Die schreckt trotzdem auf: Hunderte weiße Hähnchen stieben los. Gleich darauf beruhigen sie sich wieder. Picken, scharren, drängen sich um die Futterkreisel. Ab und zu bläht sich eines auf, spreizt die Flügel – zieht sie wieder ein, trollt sich, frisst. Längst kennen sich Bucks mit Geflügel so gut aus wie mit Kühen. Fünf Mal pro Jahr liefert eine Vertragsbrüterei Küken, acht bis neun Wochen später gehen die Hennen und Hähne an die nahegelegene, familiengeführte Biometzgerei Knäpple. Sie wiegen dann gut zwei Kilo, etwas mehr als konventionelle Tiere, hatten aber doppelt so viel Zeit, zu wachsen; das Fleisch langsam wachsender Rassen ist schmackhafter. Anfangs fressen die Küken Starterfutter mit höherem Eiweißgehalt, später bekommen alle Tiere pelletiertes Fertigfutter, für das Bucks einen Teil Getreide selbst anbauen. Die Hähnchen haben Auslauf, sind, sobald sie Federn haben, tagsüber auf der Wiese, haben jederzeit Zugang zu einem überdachten Außenklimabereich, einem Wintergarten. Sie können scharren und im Sand baden, bekommen Getreide zum Picken in die Einstreu, es gibt Sitzstangen, kleine Iglus schützen vor natürlichen Feinden. Beim Besatz gilt: pro Quadratmeter maximal zehn Tiere beziehungsweise 21 Kilo Lebendgewicht. Um das Limit nicht zu überschreiten, und weil die Hähnchen mehr Gewicht zulegen als noch vor einigen Jahren, stallen Bucks inzwischen nur noch 3.200 Hähnchen ein. „Platzmangel mahnen die Biokontrolleure konsequent ab und bei wiederholter Abmahnung wird das Biozertifikat abgesprochen. Dann könnten wir unsere Hähnchen nur noch konventionell vermarkten."

Die intensive Hähnchenmast sorgt immer wieder für Schlagzeilen: wegen überfüllter Ställe, überzüchteter Rassen, mangelnder Hygiene oder der flächendeckenden Gabe von Antibiotika zur Behandlung und Prophylaxe von Krankheiten. Eine Studie im Auftrag des nordrhein-westfälischen Umweltministeriums zeigte 2012, dass über neunzig Prozent der im Bundesland gemästeten Hühner Antibiotika bekommen hatten. Dieser massive Einsatz von Antibiotika alarmiert Wissenschaftler weltweit, denn er forciert die Entstehung multiresistenter Keime. Eine Bedrohung, die bislang kaum ins Bewusstsein der Bevölkerung gedrungen ist und die dazu führen kann, dass Krankheiten unbehandelbar werden – dass wir in zehn, zwanzig Jahren an gewöhnlichen Infektionen, gegen die dann kein Antibiotikum mehr wirkt, sterben können. In der extensiven Mast ist die Gabe von Antibiotika stark reglementiert. „Wir haben uns verpflichtet, sie gar nicht einzusetzen", sagt Michaela Buck. Nur wenn der Amtstierarzt es verfügen würde, würden sie Antibiotika geben. Diese Hähnchen dürften sie dann allerdings nur konventionell und nicht unter dem Label VonHier vermarkten. Ein Mästerfond, in den VonHier einen Cent von jedem verkauften Hähnchen einzahlt, würde den finanziellen Verlust zu zwei Dritteln auffangen.

Die Studie zeigte übrigens auch, dass in kleineren Herden und bei längerer Mastdauer deutlich seltener Krankheiten auftreten. Diese Erfahrung machen auch die Bucks. „Ein einziges Mal in sieben Jahren waren unsere Hähnchen krank", erinnert sich Michael Buck. „Die Küken hatten plötzlich Schwierigkeiten, sich auf den Beinen zu halten. Wir haben den Tierarzt vom Geflügelgesundheitsdienst gerufen. Der konnte sich das Ganze nur als Folge eines Vitaminmangels erklären, also haben wir das Futter umgestellt, und so plötzlich, wie die Küken schwächelten, waren sie auch wieder fit." Mehrmals im Jahr werden Bucks kontrolliert: nach der EU-Ökoverordnung, nach den Naturland-Richtlinien und besonders streng von VonHier, denn die Kontrolleure kommen unangekündigt.

Auch wer im Stall bleibt, fühlt sich wohl: entspannte Tiere, weiche Einstreu, Stroh zum Zupfen und Hinaufsteigen sowie große Fenster, durch die die Sonne scheint

Der Bauernhof der Bucks: traditionell gebaut, traditionell erhalten, seit 1880 in Familienbesitz. Ein Ort, den Bucks nie aufgeben würden.

Michaela Buck geht hinaus auf die Wiese. Ein paar Hähnchen flüchten in einen Iglu. „In den acht Wochen, die sie bei uns sind, haben es unsere Tiere richtig gut."

„Woher wissen Sie, dass sie sich wohlfühlen?

„Man merkt es an ihrem Verhalten." Ein Hähnchen schlägt mit den Flügeln, ein anderes reagiert, beide plustern sich auf – ein kurzes Hacken, ein bisschen Wind, Ende der Mackergeste. Das eine stakt weiter, das andere lässt sich in einer Schale mit Kalkgrit nieder. „Unsere Tiere haben keine Angst."

„Sie entwickeln sich gut. Und sie werden einfach nicht krank."

„Manchmal liegen sie in der Sonne, ein Bein nach hinten gestreckt ..." Michaela Buck streckt ein Bein nach hinten. „Das sieht so wohlig aus." Sie zieht das Bein wieder vor und lacht. „Die Herden sind sehr unterschiedlich, manchmal laufen die Tiere gern raus auf die Wiese, manchmal bewegen sie sich kaum, sind richtig faul. Aber zufrieden wirken sie alle."

Die Bucks haben ihre Nische gefunden. Eine Nebenerwerbslandwirtschaft, die lukrativ ist. Die ihnen bei fünf Mastdurchgängen im Jahr und mehrwöchigen Desinfektionsphasen zwischen den Mastperioden ausreichend Zeit für Urlaub und Hobbys lässt. Neben der Michael Buck als Angestellter im Lagerhaus der Raiffeisen BAG Bad Waldsee arbeitet und Michaela Buck einen 450-Euro-Job hat, sodass die Familie sozialversichert ist. Beide haben einen Kollegenkreis, pflegen auch dort soziale Kontakte. „Die Kombination ist ideal."

„Alle zwei Monate 3.200 Hähnchen selbst ab Hof zu vermarkten, wäre unmöglich."

„Inzwischen schauen sich Leute, die ebenfalls auf der Suche nach einer Alternative sind, bei uns um."

„Aber eine Lösung für alle gibt es nicht", sagt Michael Buck. „Jeder muss seine Nische finden."

„Die kann dann aber sehr gut funktionieren", sagt Michaela Buck.

„Das klingt beinahe perfekt. Gibt es nirgendwo ein Problem, nicht einmal ein kleines?"

Die beiden sehen sich an.

Und schütteln die Köpfe.

Doch sicher wäre alles anders gekommen, würden sie nicht so heftig an diesem Flecken Erde hängen. Diesem Hof, der seit 1880 der Familie gehört, auf dem Michaela Buck geboren wurde und den zu verlassen sie und längst auch ihr Mann sich so wenig vorstellen können, wie ein Mensch sich vorstellen kann, seine Hände herzugeben oder sein Herz. (SE)

Kurz und wichtig

- Weil ihr Hof zu klein war, um eine Familie zu ernähren, sie aber etwas produzieren wollten, suchten Michaela und Michael Buck nach einem landwirtschaftlichen Nebenerwerb, der ihnen ein regelmäßiges Einkommen bietet, aber auch Zeit lässt für Beruf, Hobbys und Familie.
- Sie entdeckten das VonHier-Geflügelprogramm. Es basiert auf den Regeln der Anbauverbände Bioland, Naturland und Demeter, geht aber weiter: Vertragsmäster können ausschließlich Betriebe in einem 100-Kilometer-Radius um Kempten werden; Viehfutter wird so regional wie möglich erzeugt; kein Einsatz von Antibiotika, weder prophylaktisch noch therapeutisch. VonHier übernimmt Organisation, Logistik, fachliche Beratung und garantiert eine regelmäßige Abnahme zu kostenorientierten Preisen.
- 2009 stellten die Bucks ihren Hof auf bio um, der Kuh- wurde zum Geflügelstall. Ostern 2010 kam die erste Charge, heute mästen sie fünf Mal im Jahr 3.200 Hähnchen. Die haben tagsüber Auslauf auf der Wiese und jederzeit Zugang zu einem überdachten Außenklimabereich, können scharren und im Sand baden, es gibt Picksteine und Sitzstangen, kleine Iglus schützen vor natürlichen Feinden.
- Die Biohähnchen haben doppelt so lange Zeit, ihr Schlachtgewicht aufzubauen wie konventionelle Tiere. Anders als in Großställen haben die Bucks auch keine Probleme mit Krankheiten. Ein einziges Mal in sieben Jahren erkrankten Tiere – ein Vitaminmangel, der sich schnell beheben ließ.

Michael Buck

Teuses 2, 88436 Oberessendorf/Eberhardzell (Oberschwaben)

Familienbetrieb im Nebenerwerb – biozertifiziert seit 2009 – Anbauverband: Naturland

Betriebsorganisation
Hähnchenmast

Landwirtschaftliche Nutzfläche
15 ha, davon 9 ha Ackerfläche und 6 ha Grünland, Grünlandfläche teils Auslauf, teils Grünmehlerzeugung

Viehhaltung
3.200 Biohähnchen pro Mastdurchgang (ca. 5 Durchgänge pro Jahr)

Gebäude
Hähnchenmaststall im Altgebäude

Arbeitskräfte
1 Familien-AK (zwei Drittel der Arbeit erledigt Michaela Buck, ein Drittel Michael Buck)

Maschinen
2 Schlepper (gebraucht), die üblichen Ackerbau- und Grünlandgeräte, Mähdrusch über Lohnunternehmer, Gras laden und -transport über Trocknungsanlage

Energiebereitstellung
Photovoltaikanlage 60 kWh

Vermarktung
Überwiegend in die Marke VonHier, Rest an Bio Bühler

Das blühende Leben

Saft aus Streuobst – jeder Schluck hilft der Natur

Wie rastende Wanderer stehen sie in der Landschaft, beieinander und doch auf Abstand. Manche aufrecht, manche ein wenig krumm gleichen sie Gestalten, die viel hinter sich haben, die Sonne, Stürmen, Schnee trotzten. Man sieht ihnen an, dass diese Kräfte und die Zeit Spuren hinterlassen haben, doch das lässt sie nur umso schöner aussehen, knorrig, ursprünglich, unverfälscht. Etwas Wahrhaftiges geht von ihnen aus. Sie haben, was auch manchen alten Menschen eigen ist: Eine Schönheit, der Zeit nichts anhaben kann, die über sie hinauswächst.

Ihre hochgewachsenen Stämme werfen Schatten und im Schutz ihrer stattlichen Kronen leben Stare, Spechte, Pirole, Milane, Eulen. In den Scharten, Ritzen, Hohlräumen ihres Geästs nisten Schmetterlinge, Schwebfliegen, Hornissen, Spinnen, Käfer, Bienen und Hummeln, krabbeln Tausendfüßer, tummeln sich Eidechsen, Marder, Blindschleichen. Zu ihren Füßen wächst Löwenzahn. Klee. Wegerich und Hahnenfuß. Frauenmantel, Großer Wiesenknopf und Wiesenschaumkraut, Schneeglöckchen und Märzenbecher. Überall surrt, zwitschert, krabbelt, raschelt es, Igel huschen durchs Gras, Siebenschläfer, Hasen, Wiesel. Frösche quaken und eine Herde zotteliger Galloways weidet unter dem Blätterdach. Sogar eine Fledermauspopulation hat sich wieder angesiedelt.

Schauen Monika und Werner Zapf auf dieses blühende Leben, durchströmt sie Freude und tiefe Zufriedenheit – weil sie vielen Widerständen erfolgreich trotzten.

Ein Teil des in Deutschland verkauften Safts ist purer Apfelsaft, zu hundert Prozent aus frischen Äpfeln gepresst – Apfelfruchtsaftgetränke dagegen werden aus Apfelkonzentrat gewonnen, dem Wasser, Zucker und Aroma beigemischt werden. Vor allem die Apfel- und Saftproduktion in Billiglohnländern machte den Streuobstanbau in Deutschland unwirtschaftlich.

Als Werner und Monika Zapf ihren Hof 1998 auf bio umstellten, bauten sie erst Tafelobst an. Ein Fehler, sagt Werner Zapf heute. Doch in seiner Stimme schwingt keine Reue. „Bei der Genossenschaft sagte man mir: Je mehr ich erzeuge, desto weniger Geld bekomme ich – je mehr Ware am Markt ist, desto geringer die Erzeugerpreise. Diese Preisspirale wollte ich nicht akzeptieren, also hab ich unsere Äpfel selbst vermarktet. Das war allerdings mühsam, denn die Einkäufer im Lebensmitteleinzelhandel sind mächtig und sie wollten keine Sorten ankaufen, die zwar resistent sind, die der Verbraucher aber nicht kennt." Er hält inne – liegt jetzt doch eine Spur Ärger in seinen Zügen? „Dann hab ich mich einer Erzeugergemeinschaft angeschlossen. Dort sagte man mir, ich müsse verbindlich jedes Jahr dieselbe Menge Äpfel liefern. Ich hätte auf allen Flächen Hagelnetze spannen müssen, um den Ertrag zu sichern, und große, gesunde Bäume roden und durch kleine ersetzen müssen, deren Kronen kleiner und lichtdurchlässiger sind, sodass die Sonne an jeden einzelnen Apfel kommt und alle schön rot werden." Er hält inne – strafft die Schultern und verschränkt die Arme vor der Brust. „Da hab ich gesagt: Ihr könnt mich kreuzweise."

Anfangs sah Werner Zapf das Problem bei Handel und Verbrauchern, ihrer verrückter Erwartung, die Natur möge Perfektion produzieren: alle Äpfel gleich groß, gleich rund, gleich makellos und tadellos. „Heute sag ich, die Bauern selbst sind schuld. Ein Biobauer will besser sein als der andere, manche spritzen alles, was nach der EU-Verordnung erlaubt ist, sie wollen um jeden Preis Einseräpfel erzeugen. Der Handel sagt dann: Wenn der's kann, warum du nicht? Für mich heißt bio aber, so wenig wie möglich in natürliche Prozesse einzugreifen." Ein herausfordernder Blick. Und als brauche es noch eine Bestärkung, klopft Zapf mit der flachen Hand auf den Tisch. „Für mich heißt bio, Lebensmittel so gesund wie möglich zu erzeugen."

Hätte er sich damals nicht so entschieden für seine Ideale eingesetzt, hätten die Zapfs heute jedoch nicht das blühende Leben vor der Tür. Sie hätten nicht von Tafel- auf Streuobst umgestellt. Sie würden keine Keltereien beliefern, die noch puren Apfelsaft aus echten Äpfeln pressen …

In der Ferne senkt sich die Sonne über den Bergen, als die Zapfs durch ihre Obstwiesen laufen. Werner Zapf stapft voran; er ist offenbar nicht nur ein zäher Charakter, auch seine Statur, seine Bewegungen haben etwas Entschlossenes. „Unsere Urgroßväter haben rund ums Dorf Streuobstwiesen angelegt, Äpfel, Birnen, Zwetschgen, Kirschen, Walnüsse. Die Bäume schaffen ein angenehmes Mikroklima. Außerdem gab's das ganze Jahr über Obst: Auf den Apfelbäumen wuchsen frühe Sorten wie Klarapfel oder Jakob Fischer, mittlere wie Boskoop und Gewürzluiken, späte wie Bohnapfel und Brettacher, man hat sie vom Baum gegessen, gedörrt oder gekocht, Mus gemacht und Kuchen gebacken." Ein Zwinkern, ein leises Lachen. „Und natürlich hat man auch gemostet und gebrannt."

Bei Anbau, Pflege, Ernte half stets die ganze Familie, Erwachsene, Kinder, Mägde und Knechte. Bis heute ist Streuobstanbau aufwendig – man könnte auch sagen: Natur ist schön, macht aber viel Arbeit. „Viele denken, bio wächst vor sich hin und der Bauer kommt bloß zum Ernten." Werner Zapf bleibt vor einem Baumloch stehen, bückt sich, hebt eine leere Nussschale auf; in dem Hohlraum lebt wohl ein Wiesel. „Damit die Bäume gesund bleiben, austreiben und neue Früchte hervorbringen, muss ich sie aber kultivieren." Regelmäßig schneide er die Äste seiner Bäume zu einer Art Pyramide – eine Verlängerung des Stamms und mehrere gut verteilte Leitäste, aus denen Seitenäste und Fruchtholz sprießen –, sodass sie stabile Kronen bilden, die lichtdurchlässig sind und in denen die Luft zirkulieren kann. „Manchmal macht der Baum auch was anderes, als ich will. Dann komm ich wieder und sag: Du, du, du …! Das machen wir, bis es passt."

„Die Bäume sehen urwüchsig aus – aber eigentlich kämpfen Sie gegen die Natur?"

„Kämpfen?" Abrupt bleibt Zapf stehen. „Wieso kämpfen?"

„Sie versuchen, den Baum in eine Form zu bringen, er macht was anderes, Sie versuchen erneut, ihn zu korrigieren …?"

Heftiges Stirnrunzeln. Dann schüttelt Werner Zapf den Kopf und erklärt, Natur und Kultur schlössen einander nicht aus. „Geb ich einem Baum keine Form, stirbt er in kürzester Zeit ab. Schneid ich ihn jedes Jahr oder alle zwei Jahre, wird er hundert Jahre alt."

Die Galloways sind die „Rasenmäher" zwischen den Streuobstbäumen

Willkommen im echten Leben! Hier wachsen Äpfel nicht immer gleich, Bienen helfen beim Bestäuben und Alpakas halten fürs Foto gern still – sie gehören zum Kleintierzoo, sind Hobby der Familie Zapf und Attraktion für die Touristen.

Über seinem Kopf schlüpfen Stare aus einem Astloch, sträuben das dunkle Gefieder und flattern schwatzend davon. Ihr Sohn habe gerade gemulcht, sagt Monika Zapf und deutet auf das geschnittene Gras am Fuß der Bäume. „Beim Mäusefangen helfen uns auch die Katzen. Und die Bussarde, für die wir Sitzstangen aufgestellt haben. Und die Wiesel und Füchse, die wir nicht jagen, solange keine Population überhandnimmt."

„Wir sind mit der Natur aufgewachsen. Natürlich hab ich als Junge andere Kinder beneidet, wenn die baden gingen und ich helfen musste, wenn die in den Urlaub fuhren, wofür wir nie Zeit hatten. Aber ich hab nie dran gedacht, fortzugehen oder was anderes zu machen als Landwirtschaft." Die Sonne scheint Werner Zapf ins wettergegerbte Gesicht – und wie er so dasteht, zwischen seinen Bäumen, sieht auch er ein wenig knorrig aus. „Ich will diese Streuobstwiesen erhalten. Sie nutzen ja nicht nur uns – sie sind wertvolle Biotope, die allen nutzen: Sie sind gut fürs Klima, den Wind-, Boden- und Wasserschutz, für die Tiere, die Artenvielfalt, sie prägen das Landschaftsbild. Haben Sie eine Ahnung, wie das hier aussieht, wenn die Bäume im Frühjahr blühen?"

„Ein Meer von Blüten!" Monika Zapf schwärmt. „Alle Wiesen sind weiß und rosa."

„Allein das ist eine solche Freude."

„Wir haben Feriengäste, die kommen extra zur Obstblüte. Und im Sommer, wenn es heiß ist, ist es in den Obstwiesen schattig und kühl, die Luft dort ist ganz anders …"

„Und all das ohne Gift!" Werner Zapf hebt den Zeigefinger. „Ohne chemisch-synthetische Dünge- und Pflanzenschutzmittel." Trotzdem, fügt er hinzu, sei er kein Fundi, kein Ökoideologe. Wenn bei Feuerbrand, Schorf oder Frostspanner der gesamte Bestand auf dem Spiel stehe, behandle er auch. Aber eben nur dann. Und nur ein für den Ökolandbau zugelassenes Mittel. Lieber setze er bei Schädlingen auf Nützlinge, auf ein natürliches Gleichgewicht.

Rund zwanzig Apfelsorten wachsen auf Zapfs Wiesen. Kein Granny Smith, Golden Delicious, kein Elstar oder Jonagold, sondern Topaz, Goldrush, Remo, Rewena, Karmína, Reanda. Robuste, vitaminreiche Sorten, die es außerhalb von Streuwiesen längst nicht mehr gibt. Man könnte es für ein Luxusproblem halten, dass der Handel nur fünf bis zehn

Sorten Äpfel verkauft. Tatsächlich ist es ein gravierendes Problem. Da die meisten Äpfel des modernen Erwerbsobstbaus von einer Handvoll Stammsorten abstammen, schrumpft der Genpool. Ein genetisch verarmtes Sortiment ist anfälliger für Krankheiten und Schädlinge. Außerdem gehen Eigenschaften verloren, von denen wir heute nicht wissen, ob sie morgen, unter veränderten Klimabedingungen, nicht von entscheidender Bedeutung sind. „In Deutschland gibt es Tausende Apfelsorten und ständig werden neue gezüchtet. Viele Sorten verschwinden wieder, weil sie sich nicht am Markt halten. Andere sterben aus, obwohl sie gut schmecken. Manchmal entstehen auch Wildformen, die es nur auf einer Wiese gibt, Zufallsmischungen der Bienen." Werner Zapf deutet auf einen Baum, dunkel und krumm, zwei mächtige Äste links und rechts; als breite ein alter Mann seine Arme aus. „Ein hundert Jahre alter Streuobstapfelbaum hat manche Mode überlebt."

„Wenn es so viele Sorten gibt, warum bauen Sie nur zwanzig an?"

„Dazu bräuchte ich erst einmal Bäume. In der Baumschule haben sie zwar alte Sorten, aber nur ein gutes Dutzend. Durch Pfropfung bringe ich aber neue Sorten auf bestehende Bäume."

In der Ferne verschwindet die Sonne hinter dem Bergkamm, als Zapfs wieder ins Haus gehen. Kein einziger ihrer viertausend Bäume taugt für den Tafelobstanbau – sie sind die einzigen Bioobstbauern in der Bodenseeregion, die ausschließlich Streuobst anbauen. „Herr Zapf, Frau Zapf, sind Sie Idealisten?"

Werner Zapf neigt den Kopf, blinzelt. „In gewisser Weise."

Monika Zapf seufzt. „Würden mehr Menschen so denken, hätten wir weniger Probleme mit Monokulturen, mit dem Artensterben, dem Klimawandel …"

„In den letzten zweihundert Jahren wurden rund drei Viertel aller Streuobstbäume gerodet. Wenn wir nicht aufpassen, verschwinden die letzten auch noch."

„Die Leute hauen sie um, weil sie ihnen im Weg stehen. Sie wissen nicht, wie wichtig Streuobstwiesen für den Naturschutz sind."

„Wenn ein Baum weg ist, ist er weg, für immer."

„Wissen Sie, wenn man jung ist, will man aktiv sein. Wir sind jetzt im gesetzteren Alter, da sieht man den Wert der Dinge mehr. Man erlebt die Natur intensiver. Man ist sich der Endlichkeit bewusst."

Auch Diemut und Erwin Bek sind Idealisten, in gewisser Weise. Bei Wangen bewirtschaften sie Obstgärten, die einst ihre Vorfahren anlegten. Maunzen und Berner Rosenapfel, Schwaikheimer Rambur und Horneburger Pfannkuchenapfel, rund dreißig Hochstammsorten. Die Ernte bringen sie zu Zapfs. Werner Zapfs Vater gründete auf dem Hof eine Sammelstelle, heute nimmt er das Streuobst von anderen Bauern an und vermarktet es an Keltereien. Idealismus muss man sich auch leisten können.

„Für kleine Obstbauern ist die Sammelstelle ein Gewinn", sagt Erwin Bek, einer von sechzehn VonHier-Streuobstbauern. Er betritt Zapfs Stube, setzt sich an den Tisch. „Bei unseren Chargen ist ein Lkw-Transport zur Kelterei nicht wirt-

„Wir wollen diese Streuobstwiesen erhalten." Sie sind wertvolle Biotope: fürs Klima und die Umwelt, für die Tiere und die Artenvielfalt. Sie prägen das Landschaftsbild. Und sie sind Heimat traditioneller, zum Teil auch seltener Apfelsorten.

schaftlich. Fahr ich mit meinem Kipper zum nächstgelegenen Abnehmer, drückt der den Preis. Im Verbund mit anderen Streuobstbauern erziele ich höhere Umsätze, große Mengen lassen sich einfach besser vermarkten."

„Und wir wissen, wo unsere Äpfel landen." Diemut Bek setzt sich zu ihrem Mann. „Das ist auch wichtig."

„Oh, ja." Werner Zapf nickt.

„Stellt jemand Bioheumilch her, will er auch nicht, dass sie mit Maissilage- oder Sojakraftfuttermilch zusammengekippt wird."

Zapf verzieht das Gesicht. „Das tut weh."

„Da wäre es ja sinnlos, ökologisch zu arbeiten." Erwin Bek faltet die Hände vor sich auf dem Tisch. „Und wenn die eigene Arbeit keinen Sinn hat, tröstet mich auch kein höherer Preis."

Die Beks halten auch Mutterkühe. Wie Zapfs ihre Galloways lassen sie sie unter den Obstbäumen weiden, pflegen so zugleich das Grünland, die einjährigen Rinder verkaufen sie an VonHier. Beide Familien stellen Obstbrände und Liköre her. Zapfs betreiben die Obstsammelstelle (ein Fünftel der Äpfel geht an die Kelterei Burkhardt, die Streuobstapfelsaft für VonHier produziert). Sie vermieten Ferienwohnungen (und zeigen nebenbei, wie Landwirtschaft und Tourismus zusammenwirken können: wie eine gepflegte Kulturlandschaft Feriengäste anlockt, wovon wiederum die Bauern profitieren). Für ihre Gäste haben sie sogar einen Kleinzoo angelegt: ein Pony, Ziegen, Esel, Schweine, Kängurus, Emus, Alpakas, ein Pfau. „Viele Kinder wissen kaum noch, wie eine Kuh aussieht." Monika Zapf sieht zu ihrem Mann.

„Die denken wirklich, Kühe sind lila." Werner Zapf schüttelt den Kopf, einmal mehr, doch diesmal sieht er ernsthaft besorgt aus.

Und schließlich sind faire VonHier-Preise und staatliche Streuobst-Förderprogramme Teil der Mischkalkulation, die in Summe beide Betriebe rentabel macht. „Unser Einkommen schwankt", konstatiert Erwin Bek nüchtern. „Die Frage, Ökologie oder Ökonomie, stellt sich trotzdem nicht."

„Wir müssen nachhaltig und wirtschaftlich arbeiten", sagt Diemut Bek. „Sonst übernehmen andere unsere Flächen und machen aus unseren Obstwiesen vielleicht ein Genmaisfeld."

Erwin Bek ist einer von 16 VonHier-Streuobstlieferanten, die ihre Streuobstäpfel – von Hand geschüttelt, mit Maschine aufgesammelt – an die Sammelstelle Zapf liefern

Monika Zapf geht in die Küche und kommt kurz darauf mit Gläsern und Apfelsaft zurück. Werner Zapf lehnt sich zurück. Und lächelt. „In der Sammelstelle nehmen wir Demeter-Äpfel an. Und Äpfel, die nach den strengen Regeln der deutschen Bioanbauverbände erzeugt wurden. Und EU-Bioäpfel als unterstes Bio-Level – von Bauern, die konventionelles Milchvieh halten, aber ihren Obstgarten biologisch bewirtschaften." Er neigt den Kopf – und wieder liegt ein rebellisches Funkeln in seinem Blick. „So haben wir auch schon viele Streuobstbäume gerettet."

„Familie Zapf, Familie Bek, wer Streuobst anbaut, unterstützt ökologische Landwirtschaft, Landschaftspflege, Sorten, Arten. Sind Apfelsafttrinker also Naturschützer?"

„Ja, klar!" Die vier Streuobstbauern sehen sich an – ihre Antwort kam wie aus einem Mund.

„Solange sie Saft aus Obst von heimischen Streuobstwiesen trinken", fügt Werner Zapf hinzu und schaut aus dem Fenster – hinaus auf das blühende Leben. (SE)

Kurz und wichtig

- Ein Teil des in Deutschland verkauften Safts ist purer Apfelsaft, zu hundert Prozent aus frischen Äpfeln gepresst – Apfelfruchtsaftgetränke dagegen werden aus Apfelkonzentrat gewonnen, dem Wasser, Zucker und Aroma beigemischt werden. Die Konkurrenz der Billigfruchtsaftgetränke machte den Streuobstanbau in Deutschland zunehmend unwirtschaftlich – entsprechend schwanden die Bestände.
- Familie Zapf in Tettnang und Familie Bek in Wangen bewirtschaften dennoch Streuobstwiesen: knorrige Hochstammbäume mit ausladenden Kronen, an denen Sorten wachsen, die es heute nur noch auf Streuobstwiesen gibt.
- Ihre Streuobstwiesen sind zugleich wertvolle Biotope, die dem Klima nutzen, dem Wind-, Boden- und Wasserschutz, sie prägen das Landschaftsbild und geben zahlreichen Pflanzen- und Tierarten Lebensraum: Vögeln, Schmetterlingen, Schwebfliegen, Hornissen, Spinnen, Käfern, Bienen und Hummeln, Tausendfüßern, Eidechsen, Mardern, Blindschleichen, Fledermäusen …
- Beide Betriebe werden durch Mischfinanzierung rentabel: Beks halten auch Mutterkühe, Zapfs Galloways. Beide stellen Obstbrände und Liköre her. Zapfs betreiben eine Obstsammelstelle, die Äpfel, Birnen, Zwetschgen aus regionalen Betrieben ankauft und an Keltereien vertreibt. Und sie vermieten Ferienwohnungen – und zeigen, wie Landwirtschaft und Tourismus zusammenwirken können: Die gepflegte Kulturlandschaft zieht Feriengäste an, wovon die Landwirtsfamilie wiederum profitiert.

Werner Zapf

Bleichnau 1, 88069 Tettnang (Oberschwaben)

Familienbetrieb im Vollerwerb – biozertifiziert seit 2003 – Anbauverband: Naturland

Betriebsorganisation
Streuobstbetrieb, Erzeugung von Streuobstäpfel (4.000 Bäume)
Mutterkuhhaltung, Rasse: Galloway
Sammelstelle von Äpfeln und Birnen von regionalen Streuobstlieferanten
Vermietung von Ferienwohnungen
Kleintierzoo (Hobby und Gästeattraktion)

Landwirtschaftliche Nutzfläche
18,5 ha Grünland, Grünland unter Streuobstbäumen wird teils bewirtschaftet

Viehhaltung
6 Mutterkühe, Jungrinder

Gebäude
Ländliches Wohnhaus mit Ferienwohnungen
Sammelstelle zur Aufnahme und Lagerung von bis zu 180 t Streuobst

Arbeitskräfte
2,5 Familien-AK (Sohn halbtags), 2 Teilzeitarbeitskräfte in der Erntezeit (4–6 Wochen)

Maschinen
4 Schlepper (einer mit Teleskoplader), die üblichen Grünlandmaschinen, 1 Baumschüttler, 1 Maschine zum Auflesen des Obsts

Energiebereitstellung
Photovoltaikanlage 39 kWh
Solaranlage

Vermarktung
Das gesamte Streuobst geht an regionale Keltereien. Ein Teil der Äpfel und Birnen aus eigener Produktion sowie das Streuobst von 16 weiteren Betrieben werden über die Sammelstelle Werner Zapf an die regionale Kelterei Burkhardt Fruchtsäfte GmbH & Co. KG geliefert. Die verarbeitet es zu Fruchtsäften (Apfelsaft, Apfel-Birnen-Saft, Apfelschorle), die ausschließlich in das VonHier-Programm geliefert werden. (Da die Streuobsterträge jedes Jahr extrem schwanken, ergänzt die Firma Burkhardt den VonHier-Apfelsaft mit Bioäpfeln von regionalen Erwerbsobstbauern.)

Mehr ist nicht nötig, um gut zu leben

Es gibt sie noch, die echten Alpbauern

Wenn Xaver Herz von etwas überzeugt ist, dann trägt er seine Überlegungen nicht lang mit sich herum. Er verwirklicht sie; egal, wie die Trends gerade sind und was andere dazu sagen, oder ob sich die Entscheidung finanziell allzu nachteilig auf sein Leben auswirken könnte. „Ich bin nicht der, der viel rechnet. Wenn ich weiß, der Weg ist richtig, dann gehe ich ihn." Und zwar konsequent.

Den waldbraunen Filzhut auf dem Kopf, schon viele Male getragen, die linke Krempe hochgeschlagen, den knorrigen Hirtenstab in der Hand und die graue, derbe Stalljacke rasch über die Schultern geworfen, so empfängt der Alpbauer an einem sonnigen Julitag seine Kühe. Zu heiß ist es heute in der Mittagszeit, zu aggressiv gehen die Bremsen auf die Tiere los und stechen in die empfindlichen Euter. Schon eine Weile hat der Landwirt seine Herde beobachtet, die Stirn gerunzelt und die wachsende Unruhe der Rinder verfolgt. Nun trotten sie zügig von der Weide zurück in den schützenden Stall. „Sonst ist die Herde den ganzen Tag draußen", sagt Herz. „Aber heute geht das nicht." Zumindest nicht über die Mittagszeit.

Wenn Xaver Herz von seiner Arbeit und seinen Tieren erzählt, wird schnell klar, dass er sich Gedanken macht und immerzu auf der Suche nach einer guten Lösung ist, dass er aber genauso oft intuitiv handelt, weil es sich für ihn schlicht stimmig anfühlt. „Mein Vater hat mir immer offen gelassen, was ich später machen möchte", erzählt der 51-Jährige. Für ihn als ältesten Bub unter vier Geschwistern wäre es nur selbstverständlich gewesen, dass er den Hof übernimmt: im Tal die Landwirtschaft mit dem Milchvieh, auf dem Berg die Alpe. Selbstverständlich war es dann auch. Aber auf ganz andere Weise: „Die Entscheidung kam nicht, weil ich mich als Hoferbe fühlte. Es war eher: Ich wollte daheim bleiben, nicht weg von zuhause. Ich konnte mir gar nicht vorstellen, irgendwo anders zu sein. Der Jahresablauf war immer so drin."

„Ich suche oft den Duft der Prachtnelke“, sagt Xaver Herz. Die gefährdete Schönheit ist seine „Heilpflanze für die Seele“.

Sechzehn Milchkühe gehörten damals zum Betrieb. Im Sommer lebte die Familie mit den Tieren auf der Alpe, den Winter verbrachte sie am Hof im Tal. Morgens wurde gemolken, dann trieb man die Tiere auf die Weide, abends kamen sie heim und wieder gaben sie Milch. Die kleine Landwirtschaft in Kalzhofen, einem Ortsteil von Oberstaufen, unterschied sich kaum von so vielen anderen, typisch für das Allgäu: ein Familienunternehmen, das seine Milch an die Dorfmolkerei lieferte und so sein Auskommen bestritt. Dazu ein paar Schweine für den Eigenbedarf, Grünland und ein traditioneller Bauerngarten mit Kräutern, Salaten, Obst und Gemüse. Eine Besonderheit war und ist die Alpe: Sie liegt etwa 3 Kilometer vom Betrieb entfernt, rund 250 Höhenmeter über dem Hof, auf 1.050 Metern am Berg. Die Hompessenalpe wurde 1830 erstmals als Sennalpe urkundlich erwähnt und ist seit jeher bewirtschaftet – „wahrscheinlich schon immer von meiner Familie“.

Ruhig ist es hier oben. Grillen zirpen und etwas entfernt läuten Kuhschellen, begleitet vom Singsang der Goldammer und dem Tschilpen der Schwalben. Die warme Sommerluft flimmert leicht und der Blick reicht weit über die Berge bis zum Zentralen Hauptkamm der Allgäuer Alpen. Das helle Grün der Wiesen wechselt mit den dunklen Tönen der Gipfelwälder. Wer den Blick senkt, verliert sich in der Vielfalt der Pflanzen: Hornklee und Johanniskraut, Rotklee und Wiesenknopf, Alpendost und Arnika… Der Frauenmantel

trägt die morgendlichen Tautropfen auf seinen Blättern, als seien es wertvolle Perlen. Sie glitzern in der Sonne. Die Kräuter und ihr Duft locken nicht nur Wildbienen, Hummeln und Schmetterlinge an: „Wenn ich draußen bin, suche ich oft den Duft der Prachtnelke", sagt Xaver Herz. „Sie ist meine Heilpflanze für die Seele."

Heute wie vor rund zweihundert Jahren schmiegt sich die Alphütte an den Berg: gedrungene, schwere Mauern, auf denen ein wuchtiger, holzgeschindelter Giebel ruht. Im Innern des Hauses der Stall mit seinen jahrhundertealten, breiten Bohlen, über die seit jeher die Kühe an ihren Platz traben. Nebenan die kleine Wohnküche sowie die Sennerei und, von dort zugänglich unten im Haus, ein uralter, angenehm erdig riechender Käsekeller mit dicken Wänden aus schwerem Felsstein.

„1989 hab' ich zum Papa g'sagt: Den Hof übernehm' ich gern – aber bloß als Biobauer." Wenn Xaver Herz von diesem Moment erzählt, blitzt ein Lächeln in seinen Augen, während die ausholenden Hände und ein energisches Kopfschütteln etwas anderes erzählen: Sie beschreiben die Reaktion des Vaters. „Für ihn ein Weltuntergang!" Einen Abend lang haben die beiden diskutiert. Denn in der Vorstellung des Vaters sollte es mit dem Betrieb immer vorwärts gehen, „und das, was ich vorhatte, ging für ihn rückwärts." Der Senior setzte ganz auf Masse-Menge-Leistung – wie fast alle Kollegen damals. „Selbst hier oben auf der Alpe haben wir Kunstdünger ausgebracht, um das Maximum herauszuholen", erinnert sich der Landwirt.

Und doch war es der Vater, der den Sohn zu bio gebracht hatte: In jener Zeit lieferte die Bergbauernfamilie ihre Milch an die Käserei in Sonthofen. Als diese Mitte der 1980er-Jahre zu einer Informationsveranstaltung über ökologische Landwirtschaft einlud, schickte der Vater den Junior hin. „Das hat mir gefallen", erinnert sich Xaver Herz. „Das schien mir eine Richtung, in die man gehen könnte." Eine Richtung, die auch zu seinen Erfahrungen passte: „Ich hatte beobachtet, dass die Leistungssteigerung oft mit Komplikationen einhergeht. Es waren immer die besten Kühe, die mit der höchsten Milchleistung, die Probleme bekamen."

Die ökologische Landwirtschaft zeigte einen anderen Weg. „Mein Knackpunkt war 1987", erzählt der Milchbauer. Ein krankes Kälbchen hätte operiert oder getötet werden sollen, was in der konventionellen Landwirtschaft in etwa der Entscheidung zwischen dem Regen und der Traufe entspricht. Da Xaver Herz also ohnehin nichts zu verlieren hatte, rief er seine Cousine an, die damals eine Homöopathie-Ausbildung absolvierte. „Ich konnte damit nichts anfangen, aber ich habe halt mal gefragt." Zwei Mittel empfahl sie ihm. „Und nach einer Woche war es gut!" Die Blasenentzündung war abgeheilt. Von da an besuchte Xaver Herz jedes ihm mögliche Seminar, stellte schon vorab Fragen zusammen, folgte Vorträgen, diskutierte mit Gleichgesinnten und nahm an Arbeitskreisen teil. „Ich wollte die Gesundheit meiner Tiere auf sanfte Weise stärken. Und am besten ohne Antibiotika auskommen."

Das gelang ihm bald so gut, dass der Vater Vertrauen fasste. „Er hat langsam gemerkt, dass es so auch geht." Noch 1989 stellte der Junior den Antrag auf die Umstellung zur Ökolandwirtschaft – und stand vor der Aufgabe, nicht nur die Arbeit am Hof anders zu gestalten. Denn noch sah die Situation für Ökolandwirte schwierig aus: So führte Herz zwar ab 1992 einen zertifizierten Ökobetrieb, doch es gab weder Unterstützung in der Vermarktung noch helfende Netzwerke und Strukturen. Ihm war klar: „Entweder ich bau' mir das alles selber auf, oder ich muss konventionell vermarkten und vom Geld her nehmen, was ich kriege."

Als erstes war eine kleine Rebellion nötig. Die Käserei wollte Biomilch als solche weder ausreichend bezahlen noch vermarkten. Daher trat Xaver Herz gemeinsam mit den anderen Ökolieferanten aus der Genossenschaft aus und sie erreichten, dass das Unternehmen einlenkte.

„Wenn ich weiß, ich kann irgendwo etwas besser machen, dann lässt mich das nicht in Ruhe", betont Herz. Dann überlegt er kurz und fügt hinzu. „Ich will mich nicht vor Sachen verstecken, die neu und anders sind." … Selbst wenn diese Sachen so alt und traditionell wie die Heufütterung sind. „Wenn man Biokäs' macht, dann kann es doch nicht sein, dass er aus Silomilch ist." So die Herz'sche Überzeugung – und der Grund, weshalb der Alpbauer 1994 mit der Silagefütterung aufhörte. Statt die Mahd seiner Wiesen weiterhin als Gärfutter aufzubereiten, ging er den Schritt zurück und füttert seine Kühe seitdem wieder mit selbst erzeugtem Heu. Und das in einer Zeit, als die meisten seiner Kollegen gerade vom Heu zum praktischen Silieren wechselten. Diesmal hatte Herz Glück, denn schon im Folgejahr forderte sein damaliger Milchabnehmer von allen Ökobauern Heumilch ein.

Ein paar Sonnenstrahlen blitzen durch die Fenster in den Stall auf der Alpe und tauchen die Rücken der Kühe mit ihrem kurzen, samten glänzenden Fell in warmes Licht. Noch tanzen Spelzen und Staub durch die Luft, aufgewirbelt von der Heugabel, mit der Xaver Herz und seine Tochter Andrea duftendes Heu füttern. Im Sommer ergänzt dieses Heu das Weidefutter, was die Rinder sich auf den Wiesen im Freien selbst zusammensuchen. Die Fütterung wird vom munteren Geklimper der Kuhschellen begleitet und hin und wieder von einem ruhigen, volltönenden Muhen. Die mächtigen Köpfe

der Kühe sind so tief im Heu am Boden verschwunden, dass nur die kräftigen, schön geschwungenen Hörner, die Stirnen und Ohren zu sehen sind.

„He, Lotte, das ist für dich." Sanft tätschelt Andrea die Flanke eines Kälbchens und schiebt ihm einen kleinen Eimer Milch zu. Doch nicht nur dem Nachwuchs mit den großen braunen Augen haben Herz' einen Namen gegeben: Alle Tiere ihrer Herde, derzeit fünfundzwanzig Milchkühe und fünfzehn Jungtiere, tragen eigene Namen. Für Andrea selbstverständlich: „Warum denn nicht? Sie sehen doch alle anders aus. Wie beim Menschen: Nase, Augen, Stirnpartie, da gibt es so vieles, was auffällt!" Ein Leichtes also, die Rinder zu kennen … Zumal es in der Herde auch Unterschiede bei der Rasse gibt. Xaver Herz setzt auf heimische, genügsame und robuste Tiere: Braunvieh, Original Allgäuer Braunvieh und Tiroler Grauvieh.

„Wenn Du einen guten Käs' machen willst, fängt das bei der Kuh an", weiß Thomas Herz, der Bruder von Xaver, „da zählt die Rasse, aber auch die Futtervorlieben." Gut, dass die Kost der Rinder auf den Alpwiesen so vielseitig ist: im Frühjahr die jungen, zarten Triebe, im Sommer die würzigen Blüten, im Herbst die ausgewachsenen Stängel mit festerer Struktur. Das alles hat Einfluss auf den Geschmack der Milch und damit des Käses. „Wichtig ist auch, wie das Melken erfolgt, dann der Umgang mit der Milch und die Käsekulturen, natürlich auch die Reifung der Laibe und ihre Lagerung. Und,

So schön kann Landwirtschaft sein: Die Milchkuhherde des Betriebes verbringt den Sommer auf der Alpe „Hompessen" – mehr als 1.000 Meter über dem Meer, mit Ausblick bis zu den Schweizer Bergen.

hm … der Käser – sein Wissen, seine Ansprüche." Wenn sich einer mit all dem auskennt, dann er, der jüngste der Herz-Geschwister, der für den großen Bruder nahezu unentbehrlich ist: „Thomas tickt wie ich, wir können vieles miteinander besprechen. Ich bin froh, dass er mit da ist."

Zu keiner Zeit hat er dem Betrieb den Rücken gekehrt. Thomas blieb vor Ort, lernte Zimmermann und war einfach immer zur Stelle, wenn die Familie Hilfe brauchte. Durch einen Zufall ergab es sich, dass er den Sommer 1994 auf einer Sennalpe in der Schweiz verbrachte. „Der Senn dort hat gleich oben die Milch verarbeitet, und so kam der Gedanke, dass mir das Käsen auch Spaß machen könnt'." Mehr und mehr befasste er sich damit.

Bis dann 1996 wieder so eine Herz-Entscheidung anstand: Nicht lange grübeln, einfach tun. „Wir wollten auf der Alpe wieder käsen", erzählt Xaver. Immerhin haben die Vorfahren der Brüder weit über hundert Jahre bis 1956 auf dem Berg Käse hergestellt. „Es war immer ein Kindheitstraum von uns, oben wieder zu käsen", erinnert sich der Bergbauer und seine Tochter fügt nachdenklich hinzu: „Es tät' was fehlen, wenn ma' da oben nicht käst. Da wär' ein Stück Heimat weg."

„Also haben wir eines Tages beschlossen, wir gehen rauf, reißen die Wände ein und fangen an." Gesagt, getan. Bald war die neue Sennküche eingerichtet und Thomas, der Senn in spe, begann am Wochenende und im Urlaub zu käsen. „Wir haben erst mal angefangen", erinnert er sich. „Über die Vermarktung haben wir uns hinterher Gedanken gemacht." Doch schon bald galt der Herz-Käse bei Einheimischen und Gästen als Tipp und so verkäsen die Brüder seither ihre Sommermilch oben auf der Alpe. Mit der Milch vom Winterhalbjahr, die unten im Tal anfällt, beliefern sie die Käserei Baldauf im nahe gelegenen Lindenberg.

Groß ist die Sennküche der Hompessenalpe nicht; der Einmeterneunzig-Mann Thomas durchquert sie mit fünf Schritten. Aber hier gibt es alles, was für die Käseherstellung gebraucht wird. Herzstück ist der kupferne Käs'kessel hinten vor dem Fenster. Knapp einen Meter hoch, gut einen Meter im Durchmesser: 350 Liter Milch haben darin Platz. Gerade verkäst Thomas 260 Liter, seine aktuelle Tagesmenge. Es riecht aber nicht nach Käse, sondern würzig nach Räucherwerk, denn unterm Kessel brennt ein Feuer aus Fichtenholz. Dazu mischt sich der süßliche Geruch von Molke; etliche Liter fallen davon beim Käsen an.

Für heute hat Thomas den Großteil seiner Arbeit erledigt: Kessel einheizen, Milch erwärmen, Käsekultur zugegeben und rühren, rühren, rühren. Vor kurzem hat er das Lab untergemischt und nun wird die Milch langsam dick. Während Andrea sie mit dem Käsetreiber ruhig und beständig umrührt, holt Thomas den Käsebruch aus dem Kupferkessel und füllt ihn in Formen. Danach bekommen die Käselaibe Zeit, sich zu verfestigen und, natürlich, zu reifen. So entstehen aus den 260 Litern Milch etwa 30 Kilogramm Käse.

Wanderer und Radler, darunter viele Gäste aus dem Kurort Oberstaufen, nehmen die Delikatesse gern oben auf der Alpe mit, wobei aber der größte Teil im Tal über die Theke des Hofladens geht – dem Reich von Annemarie Herz.

Die schlanke Frau mit dem dunklen, schulterlangen Haar und dem warmen, offenen Lächeln wartet heute schon mit dem Mittagessen auf ihren Mann. Seit ihrer Heirat mit Xaver 1990 unterstützt sie ihn daheim am Hof und auf der Alpe beim Melken, organisiert den Hofladen wie den Haushalt und packt überall mit an, wo Unterstützung gebraucht wird. Als zweifache Oma hat sie auch für die Familie noch einiges zu tun. Sie und Xaver haben vier Töchter.

„Wir hatten daheim auch einen Hof, die Arbeit ist mir nicht fremd." Täglich fünf Stunden im Stall, zweieinhalb früh, zweieinhalb abends, dazu Weidepflege, Heuernte, Büroarbeit … vieles macht sie mit ihrem Mann gemeinsam. „Im Sommer schlafe ich mit oben auf der Alpe." Annemarie schüttelt lachend den Kopf: „Xaver oben, ich unten, das geht doch nicht! Wir wollen zusammen sein."

Als die Herz-Brüder damals mit dem Käsen anfingen, war schnell klar, welchen Teil der Arbeit sie als gelernte Einzelhandelskauffrau übernehmen würde: „Ich mach' das gern, den Käs' verkaufen." Wenn's gut läuft, könne sie Wäsche waschen, Essen kochen, dies und das im Haushalt erledigen – und parallel dazu den Hofladen führen. „Ich hör's ja klingeln, wenn die Leut' kommen." Jetzt schmunzelt Xaver und weich zeichnen sich Lachfältchen unter seinen Augen ab: Er weiß, was er an seiner Frau hat. Der Hof funktioniert, weil beide zusammen halten und jeder seinen Teil beiträgt. Annemarie scheint seine Gedanken zu lesen: „Wir wissen, dass wir aufeinander angewiesen sind, einer kann ohne den anderen nicht. Ich könnt's allein nicht und Xaver auch nicht."

Die Ansichten ihres Mannes zum naturnahen Wirtschaften teilt Annemarie nicht nur aus ihrer Erfahrung und Sorge als Mutter: Das Paar liegt in vielem auf einer Wellen-

Käsküche und Käsekeller: Mit der Käseharfe teilt Thomas Herz die eingedickte Milch – ein wichtiger Schritt bei der Käseherstellung. Seine Nichte Andrea hilft ihm dabei.

Annemarie Herz vor ihrem Bauernhaus. Der Talhof der Familie ist Wohngebäude, Hofladen und Betriebsschaltzentrale in einem. Hinter dem Haus steht der Tretmiststall, in dem die Rinder im Winter unterkommen.

länge. Das beginnt beim Konzept für den Hofladen: „Wir machen keine Werbung. Wir wollen gar nicht mehr verkaufen, weil wir gar nicht so viel erzeugen.“ Und es reicht bis zu den Ansichten zum Alltag und zum Leben: „Wir brauchen nicht viel. Wir wollen einfach nur zufrieden sein.“

Ein Dach über dem Kopf, genug zu essen, gesunde Kinder – mehr sei nicht nötig, um gut zu leben, meint Xaver und fügt nachdenklich hinzu: „Unser Planet hat eine bestimmte Größe und es funktioniert nicht, wenn jeder immer mehr will.“ Wäre jeder mit dem Normalen zufrieden, dann hätten alle genug zum Leben. „Wir brauchen kein ‚immer mehr und immer größer‘. Wozu? Wir brauchen Heimat und wollen zufrieden leben. Heimat heißt, zufrieden sein.“ (FG)

Xaver Herz

Orthalde 2, 87534 Kalzhofen-Oberstaufen (Allgäu)

Familienbetrieb im Vollerwerb mit Sennalpe – biozertifiziert seit 1992 – Anbauverband: Bioland

Betriebsorganisation
Milchviehhaltung – Heumilcherzeugung
Käseherstellung auf der eigenen Sennalpe
Direktverkauf von Käse und Fleisch

Landwirtschaftliche Nutzfläche
22 ha Grünland und 18 ha Alpflächen

Viehhaltung
25 Milchkühe mit eigener Nachzucht, Rasse Deutsches Braunvieh und Tiroler Grauvieh (Rückzüchtung auf die ursprüngliche und verträglichere A2A2-Milch-Genetik – Milchleistung 5.200 Liter pro Jahr und Kuh – ausschließlich Heu- und Grasfütterung mit geringem Zukauf von Biogetreide)
12 Alpschweine (Molke-Getreidefütterung) , 3 Esel

Gebäude
Traditioneller Allgäuer Bauernhof mit Wohnhaus und Heulagerung
Tretmiststall für die Kühe und das Jungvieh (Einstreu aus eigenen Wiesen und zugekauftem Stroh)
Traditionelle Sennalpe „Hompessen" mit Käsküche, Lagerraum und Kuhstall

Arbeitskräfte
2 Familien-AK ; dazu in Teilzeit der Bruder und eine Alphilfe zum Käsen

Maschinen
2 Schlepper, 1 Miststreuer, 1 Güllefass (zu zweit), 1 Kran zur Heueinlagerung und die üblichen Heumaschinen in spezieller Ausfertigung für Berggebiete auf der Sennalpe ohne Stromanschluss
Windrad und Photovoltaik kombiniert mit Solarbatterie und ergänzend ein Dieselaggregat

Vermarktung
Direktverkauf von verschiedenen Sorten Biobergkäse sowie Verkauf von eigenem Biorind- und Bioschweinefleisch
Die Wintermilch geht an die Allgäuer Molkerei der Gebrüder Baldauf GmbH&Co.KG, die daraus neben anderen Biomilchprodukten auch Butterschmalz herstellt. Dieses Butterschmalz aus Heumilch wird unter der Marke VonHier verkauft.

Kurz und wichtig

- Der Betrieb von Xaver und Annemarie Herz ist ein für das Allgäu typischer Milchviehbetrieb: kleine Herde mit fünfundzwanzig Kühen, traditionell gehalten, der Hof seit Generationen in Familienbesitz.
- Eine Besonderheit ist die seit jeher dazugehörende Alpe, stets mitbewirtschaftet – bis 1956 sogar als Sennalpe. Das heißt, die Kühe verbrachten den Sommer oben in den Bergen und dort direkt wurde ihre Milch verkäst.
- Xaver und Annemarie Herz haben den Hof 1989 auf bio umgestellt und gemeinsam mit Xavers Bruder Thomas 1996 das Käsen auf der Alpe wiederbelebt. Thomas betreibt die Sennerei nebenberuflich, seine Käse sind preisgekrönt.
- Im Sommer leben die Rinder (und das Ehepaar Herz) auf der Alpe, wo die Milch direkt verkäst wird. Der Käseverkauf sichert das Betriebseinkommen. Im Winter leben die Tiere (und die Familie) am Hof im Tal und die Milch geht an eine regionale Molkerei. Da beim Käsen viel Molke anfällt, hält die Familie auch Schweine, deren Fleisch (wie das einiger Rinder) im Hofladen mit verkauft wird.

Es rechne

Ein Interview mit den VonHier-Machern

ich für alle

Herr Feneberg, Sie sind Ende der 1980er-Jahre ins Familienunternehmen eingestiegen. Wie war die Zeit damals: Welche Bedeutung hatte Feneberg als Lebensmittelhändler und wie waren die Trends beim Lebensmitteleinkauf?

HF: Die Zeit war spannend. Die Discounter haben immer mehr Marktanteile gewonnen und die künftige Entwicklung für ein Unternehmen unserer Größenordnung war mehr als unsicher. Wir hatten keine wirkliche Perspektive. Nur eins war klar – dass wir beim „Immer mehr und immer billiger" nicht mitmachen. Aber es fehlten die Ideen. Das Spannende für mich war: Ich hatte Zugang zu den Themen Regionalität und Bio und wusste, wohin sich die Märkte entwickeln. Also stellte ich mir die Frage: Wie kann sich ein kleines, regionales Unternehmen profilieren? Wissen Sie, so eine klassische Schwächen-Stärken-Analyse … Dabei zeigte sich: Wir müssen unsere Schwäche als Stärke nutzen. Es gab ja damals schon den Trend, dass die Verbraucher wissen wollten, wo die Ware herkommt – und unsere Kunden wollten Antworten, warum sie bei uns besondere Preise zahlen.

Herr Wirthensohn, damals haben Sie zum ersten Mal Kontakt mit dem Unternehmen Feneberg aufgenommen. Ihre Idee war, „mit dem Einkaufskorb das Allgäu zu erhalten". An was genau dachten Sie?

EW: Oh je, der erste Kontakt, das war viel eher, aber da war's noch zu früh für meine Ideen. Das kam später und ganz und gar zufällig, als dann die Jungen, also auch Hannes Feneberg, ans Ruder kamen und meine Ideen aufgriffen. Damals war ich schon zehn Jahre freiberuflich tätig und habe Landwirte beraten. Ziel dieser Beratungen war, die Landschaft zu erhalten und, natürlich, die familiären, kleinbäuerlichen Strukturen, die für unsere Region so typisch sind. Als Lösung bin ich immer wieder auf den Ökolandbau gestoßen.
Und dann, andererseits, Hannes Feneberg hat's gerade gesagt: Die Leute wollen doch wissen, wo ihre Lebensmittel herkommen. Das bewegt sie, man braucht ihnen nur zuzuhören: Da geht's um gesunde und sichere Lebensmittel – und dass es den Tieren gut geht. Die Menschen wünschen sich eine Landwirtschaft, die etwas Positives ausstrahlt. Jetzt schauen Sie aber mal in die Medien, da denkt man eher, dass es düster

um uns wird: immer weniger Landwirte, intensive Großstrukturen, Kostendruck, Umweltprobleme … Worum es mir also mit meiner Idee ging und immer noch geht, das ist eine bäuerliche Landwirtschaft, die im Sinne der Gesellschaft Lebensmittel erzeugt und auf die Wünsche der Menschen eingeht.

Herr Feneberg, Herr Wirthensohn, Sie haben also – zunächst unabhängig voneinander – ähnliche Ziele verfolgt. Was waren Ihre ersten konkreten Schritte?

EW: Die Bauern sagten mir immer: „Ökolandbau – schön und gut, aber da brauche ich ein anderes Preisniveau." Und das war damals nur über die Direktvermarktung, zum Beispiel in Hofläden und auf Wochenmärkten, denkbar. Was mir aber vorschwebte, war ja, die Ökoerzeugung auszuweiten, und da blieb eigentlich nur der Sprung in den Supermarkt. Allerdings hatten wir damals keine Produkte, also nichts, was von der Menge her zuverlässig Supermarktregale gefüllt hätte. Also blieb mir zunächst nur, am Thema zu bleiben, bis sich eine Chance auftut.

HF: Bei Feneberg wussten wir, dass die Leute regional einkaufen wollen – und idealerweise ergab sich Rindfleisch als Startprodukt. Ich meine, wir sind im Allgäu, da sehen Sie im Sommer überall die Rinder auf den Weiden. Ein anderer Vorteil war die eigene Verarbeitung, immerhin haben wir eine eigene Metzgerei im Haus, was einiges erleichtert hat.

EW: Das war die Zeit, wo wir uns dann kennengelernt haben. Hannes Feneberg hatte ein Problem: Er sagte, dass er beim Braunvieh kein Fleisch mehr auf den Knochen sieht und suchte Rat. Dazu muss man wissen: Braunvieh, wie es in unserer Gegend meist gehalten wird, ist zwar ideal an das Leben im alpinen Raum angepasst – aber traditionell als Milchvieh genutzt. Und Milchkühe haben nun einmal nicht viel Fleisch auf den Knochen … Wir haben also aus diesen Braunviehkühen Mutterkühe gemacht: Das heißt, die Kühe werden nicht mehr gemolken und ihre Kälber bleiben bei ihnen, sie werden von ihnen aufgezogen. Damit aus diesem Nachwuchs kräftige Jungrinder werden, haben wir die Mutterkühe mit kräftigen Stieren gekreuzt: mit einer Fleischrasse – der Blonde d'Aquitaine. Und das war die Lösung: Damit hatte Hannes Feneberg sein Rindfleisch.

Jetzt ging es aber noch um die Haltungsbedingungen. Jeder Bauer hätte andere Vorstellungen gehabt und wir hätten ewig diskutiert. Also haben wir gesagt: Das kommt nur der ökologische Landbau in Frage – sonst nichts. Für die damalige Zeit war das sehr wagemutig.

HF: Ja, die Bauern waren so etwas nicht gewohnt. Damals hieß es eher: Hier ist meine Milch, hier mein Fleisch – verkauf es! Und jetzt war es umgekehrt, wir sagten: Das sind unsere Spielregeln, so stellen wir uns das vor – produzierst Du uns das so?

EW: Wir mussten die Bauern doppelt überzeugen: Wir mussten aus Milchbauern „Mutterkuh und bio" machen.

HF: … und damals galt noch, wer bio macht, ist kein richtiger Bauer. Und dann kam der Abschied von der Milch noch als zweite Hürde dazu!

… und dennoch haben Sie Landwirte für Ihr Projekt gewinnen können. Was waren das für Menschen, wie kann man sich die vorstellen? Warum haben sie mitgemacht?

HF: Stellen Sie sich einen Saal voller Neugieriger vor – am Ende sind die besonders Neugierigen übrig geblieben! Dazu müssen Sie wissen: Wir sind anfangs übers Land gezogen und haben die Bauern zum Informationsabend eingeladen. Wenn wir kamen, hatten wir knallvolle Säle – und am Ende der Veranstaltung saßen noch zwei, drei Bauern da. Aber die wollten mitmachen.

EW: Und das waren alles richtige Landwirte, gewiss keine Hinterwäldler! Alle aufgeschlossen und offen für Ideen. Ihre Betriebssituation … nun … im heutigen Maßstab kleine Höfe. Aber diese Landwirte wollten weiter machen und nicht einfach aufgeben. Sie hatten den Mut, gegen den Zeitgeist zu handeln und einen anderen Weg zu gehen. Ganz vorn dabei der Adi Sprinkart, einer der ersten grünen Politiker – und Biolandwirt.

Jetzt kennen wir Ihre Motivation und die der Bauern. – Aber was haben die Kunden gemacht, wie haben die reagiert?
HF: Als das Rindfleisch kam, haben sie uns die Regale leer gekauft! Das hat uns Mut gemacht, unser Projekt weiter auszubauen.

Sie haben aber nicht einfach bei noch mehr Bauern und nach noch mehr Produkten gefragt, sondern ein Markenprogramm auf die Beine gestellt. Warum?
EW: Nein, das war ganz anders! So Grundüberlegungen, wie Sie meinen, gab es nicht.
HF: Das war eher ein Ausprobieren. Ein Probieren halt. Am Horizont gab es schon lange die Milchprodukte, die hätten wir gern als regional und bio in unsere Märkte geholt – aber dafür brauchten wir ein Etikett, eine Dachmarke. Beim Gemüse ging das viel einfacher, da konnten wir sagen „Biosalat vom Bodensee“ – damit hatten wir das Etikett. Nur, bei Milch und Milchprodukten funktionierte das so nicht; wir brauchten etwas anderes.
EW: Und dann kam ein Angebot vom Bayerischen und Baden-Württembergischen Landwirtschaftsministerium*: „Wenn Sie ein Konzept aufstellen, fördern wir das.“ Dadurch war von außen ein Druck da, dass wir das, was sich so improvisiert entwickelt hat, jetzt konzeptionell zusammenfassen. Und das haben wir dann auch gemacht. – Wissen Sie, wenn ich diese Texte heute lese, dann bin ich erstaunt, wie treffsicher unsere Zukunftsprognosen waren!

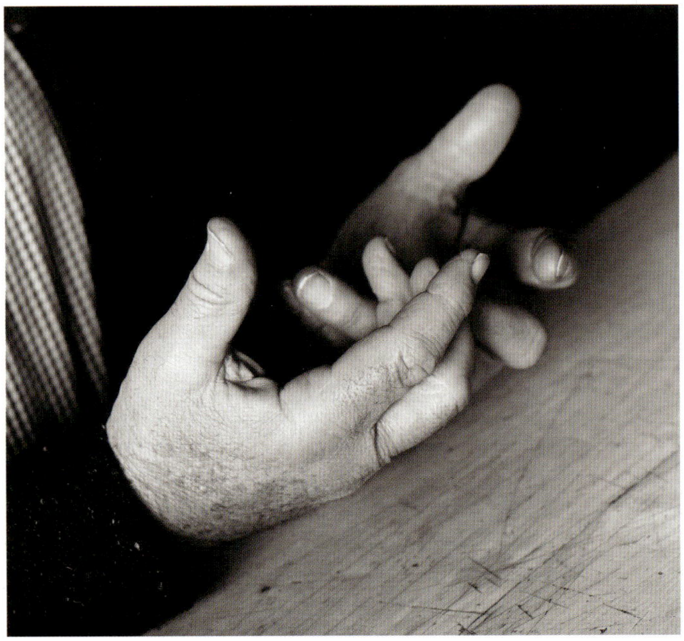

HF (lacht)**:** Ja, wir haben uns damals als gute Lügner gefühlt – und dann ist das alles so eingetreten!

Regional und ökologisch – das sind die Kernkriterien für VonHier-Produkte. Warum genügte EU-Bio nicht? Warum müssen VonHier-Betriebe in einem Öko-Anbauverband sein?
HF: Das war für uns immer klar. EU-Bio erlaubt zum Beispiel, dass ein Betrieb konventionell und bio zugleich arbeitet. Das wollten wir nicht. Wir wollten reine Biobetriebe. Der Gedanke war damals schon: Wie kann ich mich vom Standard, den jeder machen kann, absetzen?
EW: Man muss aber auch sagen, wie wichtig EU-Bio ist. Das habe ich durch die Zusammenarbeit mit Feneberg erkannt. EU-Bio ist die Grundlage für alle: Wir hätten ein einziges Durcheinander ohne diese Vorgaben. Und, EU-Bio ist „Welt-Bio“ geworden – das sind Standards, die weltweit Gültigkeit haben und respektiert werden. Jetzt kommt aber für unser VonHier-Projekt hinzu: Wir wollen die Region, das Individuelle der Region. Und da sind Bioland, Naturland oder Demeter viel näher dran als Brüssel.

Wie bringen Sie Ihre Vorstellungen mit denen der Bauern in Einklang – und umgekehrt: die Ideen der Bauern mit Ihren?
HF: Wir sagen immer: „Wir zwingen niemanden, aber wenn Du mitmachen willst, dann sind das die Bedingungen.“ Jede Familie entscheidet für sich. Das funktioniert besser als gedacht und viele Betriebe haben nur wegen VonHier umgestellt.
EW: Gott sei Dank gibt es noch viele Bauernfamilien, die ihren Hof nicht aufgeben wollen. Aber sie brauchen eine Perspektive! Natürlich geht es auch für sie zuerst um den Preis; immerhin gilt das Prinzip der Wirtschaftlichkeit für jeden gesunden Betrieb. Doch wenn die Bauern und Bäuerinnen spüren, dass sie weiterhin mit der Natur arbeiten und ihre Tiere artgerecht halten können, dann sind viele zu gewinnen. Tradition und Modernität dürfen keine Gegensätze sein.
HF: Wäre ich damals allein, ohne Ernst Wirthensohn gewesen, hätten die Bauern mir womöglich nicht geglaubt. Aber Herr Wirthensohn als neutraler Berater konnte ihnen das vorrechnen und aufzeigen, dass VonHier auch für ihren Betrieb funktioniert. Die Landwirte vertrauen ihm.
EW: Mit unseren Bauern stehen wir in ständigem Austausch: Fachgespräche, Beratungen, Hofbesuche, Hoffeste, Veranstal-

* Bayerisches Staatsministerium für Ernährung, Landwirtschaft und Forsten und Ministerium für Ländlichen Raum und Verbraucherschutz Baden-Württemberg

tungen, … Das ständige Moderieren, damit Handel und Landwirt zusammenkommen, halte ich für einen Schlüssel unseres VonHier-Prinzips.
HF: Ja, das ist wichtig. Denn bei VonHier kann der Erfolg nicht von heute auf morgen kommen. Der Landwirt braucht Geduld: Er ist gebunden und kann nicht dem jeweils besten Preis nachspringen. Umgekehrt muss auch der Handel – wie der Landwirt – in Generationen denken. Da ist der Landwirt nicht mehr nur der Lieferant, den man gerade zahlt, sondern ein langfristiger Partner. Wir müssen gemeinsam etwas aufbauen, das sich für alle rechnet, eine stabile Partnerschaft.

Ist das Ihre Vorstellung von Nachhaltigkeit?
HF: Das Wort Nachhaltigkeit haben wir nie in den Mund genommen, das brachte die Zeit. Aber wenn man einen Bauernhof in die nächste Generation bringen will, dann muss das nachhaltig sein.
EW: Der Ökolandbau definiert die Nachhaltigkeit. Damit hat die Landwirtschaft etwas, was im Wirtschaftsbereich einmalig ist – die genaue Definition, wie Nachhaltigkeit praktiziert werden kann! Das Grundprinzip ist immer dasselbe: In Generationen denken! Und hier treibt die konventionelle Landwirtschaft in die falsche Richtung: Sie folgt dem Preisdiktat und nicht dem Prinzip der Nachhaltigkeit. Viele Konventionelle sind mit der Marktentwicklung unglücklich, sie sind in diese Spirale des „Immer größer und immer mehr" hineingestolpert. Die Wissenschaft hat die Vorgabe gemacht, dass nur der große Betrieb Kosten senken und in globalen Märkten überleben könne – aber dafür sind viele Betriebe, und gerade unsere Bauernbetriebe, gar nicht geeignet!
Da sind wir auch wieder bei den Wünschen, die die Gesellschaft an die Landwirtschaft hat. Wir haben vorhin schon darüber gesprochen: Ich wünsche mir eine Landwirtschaft, die den Wünschen der Gesellschaft nachkommt und darauf eingeht. Bei VonHier wächst uns die Kundschaft entgegen, das gibt uns Sicherheit – und auch das Vertrauen, dass wir im Sinne der Menschen handeln. Der Grundgedanke ist doch: Eine bäuerliche Landwirtschaft, die gegen die Gesellschaft erzeugt, hat keine Zukunft.

Aber nehmen wir das Beispiel „Tierwohl". Jeder Landwirt achtet doch darauf, dass es seinen Tieren gut geht. Was machen VonHier-Bauern denn anders?
HF: Der Ökolandbau definiert ganz klar die Kriterien für eine artgerechte Haltung.
EW: Tierwohl, artgerecht … Das sind so Begriffe! Lassen Sie uns die Bauern fragen: Sollen die uns doch erzählen, warum sie glauben, dass es ihren Tieren gut geht. Gehen Sie auf die

Höfe und schauen Sie sich das an! Nehmen Sie zum Beispiel unsere Rinder: Die haben Weidegang, können sich im Laufstall jederzeit frei bewegen, es gibt Auslaufflächen und nicht wenige verbringen ihre Sommer in den Bergen auf einer Alpe.
HF: Haben Sie mal gesehen, wie Rinder sich freuen und umherspringen, wenn sie auf die Weide ins Freie kommen? Oder nehmen Sie eine Bande 30 halbwüchsiger Schweine, die wild durchs Stroh tollen und spielen. Das ist Tierwohl! Die Tiere haben Lebensfreude und können genießen. Aber eigentlich passt das Wort „Tierwohl" überhaupt nicht – es reicht nun mal nicht, ein paar Bürsten in die Ställe zu hängen und von „Tierwohl" zu reden.

So viel Mühe kostet. Zeit, Geld, voller Einsatz … Wie können Sie da sicher sein, dass nicht doch hier und da mal getrickst wird?
HF: Die Grundlage ist doch: Nur ein Bauer, der mit Herz dabei ist, ist ein guter Bauer. Wer hingegen nur über den Geldbeutel motiviert ist, ist kein guter.

Das VonHier-Prinzip: klare Kriterien, große Vielfalt

Ökologisch erzeugt und aus der Region – diese zwei Merkmale definieren VonHier, die hauseigene Biomarke der Firma Feneberg. Alle Produkte kommen von Betrieben, die nach den Richtlinien der Öko-Anbauverbände Bioland, Naturland und Demeter zertifiziert sind und im Radius von 100 Kilometern um Kempten, dem Sitz der Firma Feneberg, ansässig sind. Gut 600 Biobauern und 42 Verarbeitungsbetriebe liefern als feste Vertragspartner in das Programm.

VonHier-Betriebe sind vorbildliche, inspirierende Unternehmen, sie arbeiten beispielgebend im Sinne des VonHier-Modells. Transparente Zusammenarbeit mit der Firma Feneberg, sorgfältige Kontrollen, steter Austausch und intensive Beratung stellen sicher, dass die Qualität stets gewährleistet bleibt und die erzeugten Bio-Lebensmittel zuverlässig hohen Ansprüchen genügen.

VonHier-Lebensmittel gibt es ausschließlich in den Märkten des Unternehmens. Das Sortiment umfasst rund 400 Produkte von A wie Apfel bis Z wie Ziegenkäse und so können Kunden nahezu ihren gesamten Einkauf an Lebensmitteln mit VonHier-Produkten erledigen. Seit dem Start 1998 wird die Marke so gut angenommen, dass sie kontinuierlich wächst und ausgebaut werden kann.

Die Feneberg Lebensmittel GmbH

Die Firma Feneberg, gegründet 1947, ist ein familiengeführtes Lebensmittelunternehmen mit Sitz in Kempten im Allgäu. „Aus der Region für die Region“ lautet das Motto: So ist das Unternehmen einerseits an vielen Orten in der Region präsent und setzt sich andererseits stark für regionale Lebensmittel ein. Das Verbreitungsgebiet erstreckt sich von Ulm im Norden über München und Erding im Osten, weiter über Murnau und Garmisch-Partenkirchen bis Oberstdorf und ins Kleinwalsertal nach Riezlern. Es umfasst ebenso Lindau, Tettnang, Meckenbeuren und Ravensburg im Westen.

Nicht nur bei der hauseigenen Biomarke VonHier achtet Feneberg darauf, wo die Lebensmittel herkommen und wie sie erzeugt werden. Auch die Feneberg-Bäckerei, die Feneberg-Metzgerei und Hausmarken wie FeBio, PrimaRind oder Gourmella streben transparente, hohe Qualität an. Derzeit umfasst die Allgäuer Handelskette 75 Verbraucher- und Supermärkte mit rund 3.800 Mitarbeitern.

EW: Wie schon gesagt, wir fragen die Bauern nach ihren Vorstellungen und versuchen gemeinsam, das System immer weiter zu verbessern. Das ist eine lange Aufgabe, da gibt es keinen Endpunkt.
HF: Ganz wichtig sind auch die Kunden und die Glaubwürdigkeit des Unternehmens. Das geht nicht ohne lückenlose, sehr genaue Überprüfung der Betriebe. Da sind wir sehr hinterher – unser Kontrollsystem fußt auf drei Säulen: die staatlichen Kontrollen, die der Verbände und die, die wir als Haus Feneberg durchführen. Wir sind mit den Bauern in stetem, engen Kontakt und haben eine strenges, gut organisiertes Qualitätsmanagement aufgebaut. Dadurch können wir früh gegensteuern, wenn sich einmal etwas in die falsche Richtung entwickelt.

Was bedeutet all das für die Preise? Was kosten VonHier-Produkte im Vergleich, und wie ist die Akzeptanz der Preise bei den Kunden?

HF: Da spielen drei Dinge ineinander. Die erste Frage lautet immer: Was braucht der Landwirt? Es ist Grundvoraussetzung, dass er für seine Arbeit einen Preis erhält, der ihm die Kosten wieder einspielt. Dann kommen Handel und Kunden, und hier geht es darum: Bewegt sich der Preis noch in einem Feld, was der Kunde akzeptiert? Das sind Erfahrungswerte: Entweder ich weiß es, oder ich muss es probieren. Je höher das Problembewusstsein beim Verbraucher, desto höhere Preise kann er akzeptieren. Bei Eiern und Geflügel sind die Kunden zum Beispiel extrem sensibilisiert. Dazu kommt natürlich die geschmackliche Differenzierung – die merkt der Verbraucher bei der Milch kaum, beim Fleisch aber umso mehr.
EW: Es müssen faire Preise sein – für den Handel, für den Landwirt und für die Kunden. Wir wollen kein VonHier nur für Gutbegüterte! Unsere Landwirte bekommen keinen Freibrief: Was sie tun, muss schon auch betriebswirtschaftlich sinnvoll sein. Deshalb sind Innovationen so wichtig – unsere Bauern sind wendig genug, richtig gute Lösungen zu finden. Salopp gesagt haben wir 600 Betriebe und 600 Innovationen, alle individuell auf die Betriebe zugeschnitten. Schauen Sie auf die Gemüsebauern am Bodensee: ihre

Netzwerke und die Vermarktung. Oder schauen Sie auf das Engagement der Bauern in der Forschung und auf ihre Ideen in der Eigenvermarktung! Schauen Sie auf die besonderen Familienstrukturen und, natürlich, auch auf die Innovationen in der betrieblichen Kostenstruktur!

Eine Zukunft für kleine Höfe, Ökolandbau, Nachhaltigkeit – Sie schieben also hier im Kleinen die große Agrarwende an und machen einfach wahr, worüber andere nur reden?

HF: Das ist keine Agrarwende, nein. Ich sehe die gewachsenen, kleinbäuerlichen Strukturen hier in der Region als Glücksfall. Wissen Sie, unsere Rindfleischbetriebe haben im Durchschnitt zehn Mutterkühe, die Milchviehhalter so um die 30 Milchkühe. Haupterwerb, Neben- oder Zuerwerb – da ist alles dabei. Diese kleinen Betriebe sind wendig und können schnell reagieren. In Großstrukturen geht das nicht mehr. Wie gesagt, das ist unser Glücksfall.

Die traditionellen, kleinbäuerlichen Strukturen sind ideal, um der VonHier-Entwicklung Schwung zu geben. Umgekehrt hat VonHier aber auch Einfluss auf diese Strukturen: Gut die Hälfte unserer 600 Betriebe gäbe es ohne VonHier so nicht mehr. Das spielt also ineinander, dadurch kann bei uns die Nische so richtig Kraft entwickeln. Wir werden aber nie die ganze Gesellschaft oder alle Landwirte umkrempeln, ihre Zukunft so zu sehen.

EW: Aber, es gibt viele Regionen, wo ähnliche Ansätze möglich sind, das zeigt die Erfahrung. Die Verbraucher wollen diese Produkte und sie wollen diese Form der Landwirtschaft – und wir wollen diese gesellschaftliche Entwicklung unternehmerisch begleiten. Da ist einerseits, als Unterstützung, die Politik gefragt, andererseits geht der Wandel nicht von oben; die Schübe kommen von unten.

HF: Markt, Unternehmen, Kunden, Landwirtschaft – von denen geht das aus. In den letzten Jahrzehnten haben sich die Landwirtschaft und die Erwartungen der Verbraucher auseinander entwickelt. VonHier ist der Beweis dafür, dass Landwirtschaft und Unternehmen es schaffen können, wenn man dem Verbraucher bietet, was er erwartet.

Sie verfügen heute über 20 Jahre an Erfahrung mit Ihrem Regionalprojekt. Was empfehlen Sie anderen Initiativen, die diesen Weg gehen wollen?

EW: Die 20-jährige Erfahrung ist Gold wert! Heute können wir sagen: VonHier funktioniert, und zwar besser, als wir jemals gedacht haben. Ein alter Wunsch von mir, „jeder Bauer hat eine Chance“, ist durch dieses Modell wahr geworden. Meine Empfehlung ist: „Einfach ausprobieren“ – abgestimmt auf die jeweilige Region. Aber, Herr Feneberg, was empfehlen Sie? Besonders mit Blick auf den Lebensmitteleinzelhandel?

HF: Klare Kriterien für Erzeugung und Herkunft, denn nur daraus kann Glaubwürdigkeit entstehen. Und ganz wichtig ist die emotionale Verbundenheit der Menschen mit ihrer Region. Heimat, Produkte aus der Heimat genießen zu können, das ist für die Verbraucher besonders wertvoll. Regionale Lebensmittel haben einen klaren Vorsprung vor weiß Gott wo erzeugten Sachen.

EW: Das sehe ich genau so! Emotionen spielen eine entscheidende Rolle. Der Heimatgedanke ist doch nicht umsonst im Kommen. Wir fühlen uns wohl, wo wir groß geworden sind, wo wir leben und wo unser Zuhause ist. Wenn wir die Schätze der Heimat nutzen, haben wir einen Gegenpol zur globalisierten Welt, etwas, das Halt und Wurzeln gibt – und eine Identität. Ich denke, wir sollten die Heimat wieder leben und dazu stehen – genau wie zur traditionellen, familiär geprägten Landwirtschaft. Es ist noch Zeit für eine Renaissance des Bauernhofes!

Herr Feneberg, Herr Wirthensohn, vielen Dank für das Gespräch. (FG)

Ernst Wirthensohn

Ernst Wirthensohn, Jahrgang 1939, Diplom-Agraringenieur und ehemaliger Landwirtschaftsdirektor beim bayerischen Landwirtschaftsministerium, führt seit 1989 das Kulturlandbüro Wirthensohn auf seinem Biolandhof in Buchenberg bei Kempten. Als landwirtschaftlicher Berater mit den Schwerpunkten bäuerliche Landwirtschaft, Ökolandbau und regionale Vermarktung betreute er Landwirte bei der Umstellung in ganz Süddeutschland. Als Mitinitiator des VonHier-Projektes moderiert er seit 1996 – und heute nur noch – die Partnerschaft zwischen den bäuerlichen Biobetrieben und dem Lebensmittelunternehmen Feneberg.

Hannes Feneberg

Hannes Feneberg verantwortet als Geschäftsführer der Feneberg Lebensmittel GmbH die Bereiche Vertrieb, Einkauf und Controlling. Der gelernte Jurist mit Wirtschaftsausbildung führt zusammen mit seinem Bruder Christof das Familienunternehmen. Die Fenebergs legen großen Wert auf die regionale und nachhaltige Erzeugung von Lebensmitteln.

Seit 85 Jahren im Einklang

Die eigene Welt der Anthroposophie

mit der Natur

Am Nordufer des Bodensees, zwischen Wäldern, Wiesen und Weihern liegt ein Gutshaus. 1932 kaufte es die Industriellenfamilie Voith. Sie hatte viel Geld im Maschinenbau verdient, und da Industrie oft Raubbau an der Natur bedeutet, wollte sie, beeinflusst von den Lehren des Anthroposophen Rudolf Steiner, für Ausgleich sorgen. Heute ist das Hofgut Rengoldshausen der fünftälteste Demeter-Betrieb der Welt, und wer hierher kommt, betritt eine ganz eigene, faszinierende Welt …

Mechthild Knösel stapft durch den Stall, in kurzen Hosen und schweren Stiefeln. Draußen steht die Sonne hoch und ein Dutzend Rinder sucht Schatten. Weidende Herden, Kälber, die bei ihren Müttern aufwachsen – die Ökolandwirtschaft gilt als idealer Gegenentwurf einer industrialisierten Landwirtschaft. In Rengoldshausen scheint das Ideal Wirklichkeit geworden zu sein, beinahe bilderbuchmäßig muten Ställe und Felder, blühende Gärten und schmucke Fachwerkhäuser an und fast ein wenig *back to the roots*.

„*Back to the roots?*" Mechthild Knösel lacht. „Ich würde sagen, wir wollen zurück in die Zukunft!"

Sie war siebzehn, als sie zum ersten Mal nach Rengoldshausen kam. Natürliche Prozesse in kosmischer Harmonie, der Hof als Organismus, in dem jeder jeden braucht: Mensch, Tier, Pflanze, Boden – die biologisch-dynamische Idee faszinierte sie. Sie wurde Landwirtin. Seit 2006 ist sie Betriebsleiterin und zuständig fürs Milchvieh. „Was bei uns anders ist? Puh, wie soll ich das erklären?" Wieder lacht sie, überlegt und fasst es dann so zusammen: „Das Wohl meiner Tiere ist mir sehr wichtig und das äußert sich in ganz vielen Details."

Neben ihr schnuppert eine Kuh im Stroh, lässt sich nieder. Hell heben sich die geschwungenen Hörner ab. „Anders ist bei uns, dass wir unsere Tiere nicht enthornen. Die Natur hat Rinder mit Hörnern vorgesehen, sie haben eine Funktion, die Herde kommuniziert damit, regelt die Rangordnung. Es ist nicht artgerecht, sie abzusägen." Knösel schüttelt sich. „Wenn ich daran nur denke, tut mir alles weh."

WÄFO

Halter enthornter Herden wenden ein, Herden mit Hörnern seien aufwendiger zu managen, es gebe mehr Verletzungen bei Tier und Mensch, die Rinder brauchten mehr Platz, das erhöhe Kosten, senke Erträge.

„Wir passen uns den Tieren an, statt die Tiere uns anzupassen", erwidert Knösel. Zur Jahrtausendwende haben die Rengoldshausener einen Außenklimastall gebaut, ihn 2012, als weitere Investition ins Wohlbefinden der Herde, noch einmal umgerüstet. Rund fünfzig Milchkühe und hundert Kälber, Färsen und Bullen leben seitdem auf 3.000 Quadratmeter Stallfläche, die klassische Anordnung wurde optimiert, von wenigen Längsachsen gehen mehrere Querachsen ab, alle Gänge sind mindestens fünf Meter breit. „Alle haben jetzt genug Platz zu flüchten, zu fressen, zu saufen, zu liegen. Die Tiere können einander ausweichen, rangniedere Rinder geraten nicht mehr in Bedrängnis. Die Herde ist ruhiger als früher."

Die Stallerweiterung wurde möglich, weil die Eigentümer Land dazupachten und -kaufen konnten (unter anderem den nahegelegenen Ralzhof, einen ehemals konventionell bewirtschafteten Hof mit Maismonokultur, den man neu strukturierte, umstellte und heute vielfältig nutzt). Im biodynamischen wie im Ökolandbau richtet sich die Zahl der Tiere nach der Größe der Flächen: Jeder Hof soll als in sich geschlossener Kreislauf funktionieren – die Flächen reichen aus, um Futter für alle Tiere zu erzeugen, der gewonnene Mist reicht aus, alle Flächen zu düngen. So bleiben idealerweise die im Betriebskreislauf vorhandenen Nährstoffe erhalten, weder Dünger noch Futter muss zugekauft werden. Weil der Ertrag auch von der Witterung abhängt, variiert die Größe der Herden. In letzter Zeit immer stärker: 2015 war der Sommer sehr trocken, 2016 sehr nass, dieses Jahr ist er wieder trocken, das Futter wird knapp. „Grundsätzlich funktioniert das Kreislaufprinzip, aber Wetterextreme sind ein neues Phänomen, auf das wir uns neu einstellen müssen."

Mechthild Knösels Ziel ist es, alle Kälber, die in ihrem Stall geboren werden, zu behalten, auch Bullenkälber, auch weibliche Kälber, die sie zur Erhaltung der Herde nicht braucht. Üblicherweise geht der Großteil der Biobullenkälber, weil es an Platz und Futter fehlt, nämlich in die konventionelle Mast. „Das bedeutet weite Transporte, Stress, Antibiotikaeinsatz – lauter Dinge, die ich ablehne." Kösel erzeugt deshalb Milch *und* Fleisch. Sie deutet auf eine Bullengruppe. Ein Bulle, Amadeus, Schweizer Original Braunvieh und ein Trum von einem Tier, steht abseits, hebt den Kopf, den Schwanz, drückt den Rücken durch –ein kräftiger Strahl schießt ins Stroh. „Wir mästen zwei Jahre lang aus, mit 600 Kilo Lebendgewicht wird geschlachtet." Schweizer Original Braunvieh ist eine Zweinutzungsrasse. Diese gelten als weniger effizient, die meisten Rassen werden entweder auf maximale Milch- oder auf maximale Fleischleistung hin gezüchtet. Doch es ist nicht Knösels Ziel, ein Maximum an Fleisch oder Milch zu produzieren. „Mein Ziel ist, eine gesunde Menge von beidem zu produzieren und kein Tier aus Wirtschaftlichkeitsüberlegungen auszusortieren. Rinder sind Nutztiere – aber sie sind auch Lebewesen, sie haben eine Seele." Sie sagt's, als ramme sie

Mechthild Knösel liebt ihre Kühe – und kommuniziert auf spezielle Art mit ihnen. Sie führt sie in der Herdensprache der Rinder nach der Stockmanship-Methode.

einen Pfosten in den Boden. Und hat ja recht. Zudem registriert der Einzelhandel eine steigende Nachfrage nach Biorindfleisch und Mutterkuhhaltung allein kann diese nicht decken. In der Biokälbermast liegt also eine Chance, vor allem in Gegenden mit extensiver Grünlandwirtschaft. Viele Landwirte schrecken jedoch vor der EU-Öko-Verordnung zurück, die vorsieht, dass Biokälber mindestens drei Monate mit Muttermilch aufgezogen werden, sie wollen die gesamte Milch vermarkten. Außerdem seien die Tiere getrennt einfacher zu versorgen und die Ställe nicht auf gemeinsame Haltung ausgerichtet. „Für diese Probleme“, sagt Mechthild Knösel und tippt lachend mit dem Finger gegen den Schirm ihrer Baseballkappe, „gibt's Lösungen!“

Sie hält auf den Ausgang zu, läuft um den Stall herum, zum Freilaufbereich der Kälber. „Das ist Siegfried.“ Ein Kalb, groß wie ein Bernhardiner und mit riesigen Ohren, saugt am Euter seiner Mutter. „Nach der Geburt lassen wir unsere Kälber bei ihren Müttern, in separaten Buchten. Später kommen sie in eine Mutterkuhgruppe, aus der wir die Kühe nur zum Melken holen, dann in eine Kälbergruppe. Ab dem vierten Monat trennen wir. Den Kälbern stehen noch Ammenkühe zur Verfügung und erst, wenn der Trennungsschmerz überwunden ist, entwöhnen wir ganz. Wir haben nämlich gemerkt, dass es Mutter und Kind weniger belastet, wenn Trennung und Entwöhnung nicht gleichzeitig stattfinden.“ Eine leise Zärtlichkeit schwingt in Knösels Stimme mit und Siegfried hebt

„Alles ändert sich, wenn wir versuchen, Tiere in ihrem Wesen zu erfassen. Erst dann können wir sie artgerecht halten", ist Mechthild Knösel überzeugt.

kurz den Kopf; dann sucht er wieder nach der Zitze. „Kühe geben nur Milch, wenn sie Kälber bekommen. Aber Kühe finden auch Erfüllung darin, sich um ihre Jungen zu kümmern. Früher habe ich zwischen meinen Kühen und Kälbern gestanden und mir die Ohren zugehalten – ich wusste, ich mache etwas falsch, wenn ich sie trenne."

Seit zwölf Jahren praktiziert Mechthild Knösel inzwischen muttergebundene Kälberaufzucht. „Wir haben ein System gefunden, das gut funktioniert und sich rechnet. Der Arbeitsaufwand ist heute sogar niedriger, eine Stunde pro Tag. Zudem habe ich keinerlei Probleme mehr mit Kälberkrankheiten." Sie deutet auf Siegfried, der unverdrossen trinkt, während seine Mutter ihm übers Hinterteil schleckt. „Nach der Geburt schießt Kolostrum ins Euter ein, eine nahrhafte Vormilch, die die Kälber immunisiert. Erst nach vier bis fünf Wochen haben Jungtiere eine eigene Immunisierung aufgebaut, bis dahin sind sie ziemlich schutzlos. Mit dem Schlecken nimmt die Mutter Keime ihres Jungen auf, bildet selbst Antikörper, gibt diese mit der Milch weiter und fördert so die Immunisierung ihres Kalbs zusätzlich." Siegfrieds Mutter muht, lang und tief. „Außerdem vertieft die Nähe die Beziehung zwischen beiden." Knösels Blick ruht auf Siegfried. „Meinen Tieren geht's hervorragend und ich behaupte, ich habe nicht nur gesunde, sondern auch glückliche Tiere."

„Woher wissen Sie, ob ein Tier glücklich ist?"

„Man sieht es einfach! Zum Beispiel daran, wie sich die Kuh um ihr Kalb kümmert. Außerdem …" Mechthild Knösel zuckt mit den Schultern. „Außerdem ist es die natürlichste Sache der Welt, dass Mutter und Kind zusammengehören. Warum muss ich das überhaupt erklären?"

Sagt's und stapft Richtung Melkstand. In Rengoldshausen wird Vorzugsmilch gewonnen, die einzige Milch, die unbehandelt in den Laden kommt, weder homogenisiert, noch pasteurisiert, nur unmittelbar nach dem Melken gefiltert und auf vier Grad gekühlt. Vorzugsmilch ist sehr voll im Geschmack. Besonders gesund ist sie, wenn sie von Tieren kommt, die ausschließlich mit Gras und Heu gefüttert werden, dann ist der Anteil an ungesättigten Fettsäuren, vor allem Omega-3-Fettsäure, besonders hoch. Die Deutsche Gesellschaft für Ernährung empfiehlt, täglich Milch mit vielen ungesättigten Fettsäuren wie Omega-3 zu trinken und entsprechende Milchprodukte zu essen. „Rinder sind Wiederkäuer. Ihr Verdauungssystem ist auf Rohfaser, also Gras und Heu, ausgerichtet. Bei wesensgemäßer Fütterung sind Gras und Heu einfach *das* Futter, Punkt."

Sagt's und steigt in die Melkgrube, während eine Auszubildende oben links Hilde und rechts Akelei in den Melkstand treibt. „Im Tandemmelkstand herrscht weniger Gedränge, das bedeutet weniger Stress für die Tiere", erklärt Knösel. „Außerdem sehe ich nicht nur Hinterteile, sondern stets die ganze Kuh, ich sehe, ob sie gut gefressen hat, ob sie wiederkäut, kontrolliere ihre Klauen, das Euter. Ich erledige einen Großteil des Herdenmanagements quasi nebenbei." Sie säubert Hildes Euter. „Und ich melke einfach gern! Ich würde hier nie einen Roboter wollen."

Vieles in Mechthild Knösels Stall ist anders. Und alles funktioniert erstaunlich gut.

„Was ist es, Frau Knösel, das Sie so an Rindern mögen?"

„Puh …" Sie wischt mit der Armbeuge übers verschwitzte Gesicht und lacht. „Wie soll ich das erklären? Sie sind mir einfach die liebsten Tiere …" Wieder denkt sie nach – und erzählt dann eine Geschichte, die ihr Leben veränderte: „In den USA lebte ein Hirte, der konnte wunderbar mit Rindern umgehen. Sein Geheimnis war, dass er sehr genau beobachtet hatte, wie die Tiere sich untereinander verhielten, und ihre Körpersprache adaptierte. Als ich vor vier Jahren seine Stockmanship-Methode entdeckt habe, war das wie eine Befreiung. Ich liebe meine Tiere – aber um sie zu führen, muss ich das Leittier spielen. Und dazu muss ich ihre Sprache sprechen. Rede ich auf Kühe ein wie auf Menschen, rufe oder pfeife ich, mache ich sie nervös. Bewege ich mich schnell und hektisch, schubse ich, fühlen sie sich bedroht. Treibe ich sie den Gang entlang zum Melkstand und sie zögern, sind sie nicht dumm, sondern die Enge widerspricht ihrem Instinkt als Fluchttier. Seit ich quasi Rindersprache spreche, kriege ich den größten Bullen entspannt und einfach in jeden Hänger." Sie schüttelt den Kopf – als würde sie staunen, dass es so lange brauchte, etwas so Simples zu verstehen.

„Am Ende", sagt Mechthild Knösel, „geht es zwischen Mensch und Tier um Vertrauen und Respekt." Sie schaudert und eine Gänsehaut zieht über ihre Arme. „Alles ändert sich, wenn wir versuchen, Tiere in ihrem Wesen zu erfassen. Erst dann können wir sie wirklich artgerecht halten."

Als die Familie Voith den Hof 1932 kaufte, wollte sie die Idee eines umweltschonenden Landbaus fördern sowie die eines sozialverträglichen Wirtschaftens und Handelns

Markus Knösel steht auf dem Platz vor dem Hofladen. Es ist Freitagnachmittag, Familien kaufen ein, Mütter sitzen mit ihren Babys im Schatten, ein altes Ehepaar trinkt Kaffee. Ein paar Hühner picken im Sand, ein Hund räkelt sich, Kinder lachen und laufen um den Brunnen, auch seine. Fast alle MitarbeiterInnen wohnen auf dem Gut – Rengoldshausen ist auch eine Gemeinschaft. „Als die Familie Voith den Hof 1932 kaufte, wollte sie nicht nur die Idee eines umweltschonenden Landbaus fördern, sondern auch die eines sozialverträglichen Wirtschaftens und Handelns."

Knösel leistete Zivildienst, als Freunde ihn 1996 zu einem Hoffest mitnahmen. Es traf ihn wie ein Blitz: Von einem Beruf, der Produktion und Vermarktung, Forschung und Bildung vereinte, hatte er geträumt. Er wurde Landwirt, lernte Mechthild kennen, gemeinsam gingen sie auf Wanderschaft, arbeiteten auf Höfen in Deutschland und der Schweiz, und bei allem, was sie sahen und lernten, merkten sie, dass sie hinwollten, wo sie herkamen: nach Rengoldshausen. Heute ist Markus Knösel einer der beiden Vorstände des Hofguts. „Seit Mitte der 1980er-Jahre ist hier auch ein starkes soziales Engagement entstanden. Wir sind heute das Zentrum einer regen biodynamischen Bewegung in der Bodenseeregion."

Wie verbreitet man eine gute Idee besser als durch Bildung, dachten sich 1985 die damaligen Gutsbetreiber und gründeten die Gesellschaft zur Förderung der Jugend durch die Landwirtschaft e. V. Anschaulich und sinnlich wollten sie Jugendliche, aber auch Kinder und Erwachsene, für Nachhaltigkeit und Klimaschutz begeistern. 2008 wurde eine Stiftung gegründet, in deren Satzung Bildung und Forschung als Stiftungsziele festgeschrieben sind. „Wir sind ganz anders aufgestellt als klassische Familienbetriebe", sagt Markus Knösel, „darum können wir auch anders arbeiten." Jedes Jahr kommen Auszubildende, Praktikanten, Freiwillige aus der Region, dem Land und der Welt nach Rengoldshausen. Zum Beispiel Fabienne Arnold aus Friedrichshafen, achtzehn Jahre und im Bundesfreiwilligendienst. „Demeter kannte ich ein bisschen, Steiner kaum, und dass ich hierher kam, lag vor allem daran, dass ich nach dem Abitur nicht wusste, ob ich studieren oder eine Ausbildung machen sollte. Als ich dann

beim Probearbeiten mit Markus Knösel Obstbäume beschnitt, habe ich gestaunt, wie bedacht und liebevoll er das tat." Ihr wurde klar, dass sie diesen speziellen Blick auf die Natur, das Zusammenwirken von Mensch, Pflanze, Tier, Natur und Kosmos genauer kennenlernen wollte.

Shila Schönhals ist achtundzwanzig, hat einen Bachelor in Health Economics und einen Master in Behavioral and Economic Science. Sie arbeitete bei einer Bank in Frankfurt – und stieg nach einem Jahr im Beruf aus, um künftig etwas ganz anderes zu machen. Etwas mit den Händen, etwas, das die Welt ein bisschen besser macht. Sie begann ein Praktikum in Rengoldshausen. Und blieb. Heute ist sie Auszubildende in der Gärtnerei. „Für jemanden, der aus der Stadt kommt, total entfremdet von der Natur, ist Schlepper fahren und Bodenbearbeitung ganz schön anstrengend. Zugleich wachse ich in die Arbeit hinein, weil ich es will. Es beeindruckt mich jeden Tag zu erleben, wie sich hier eine Gemeinschaft für die Natur und das Wohlergehen aller einsetzt, nicht nur ideell, sondern ganz praktisch. Denn wir alle haben nur dann eine Zukunft, wenn wir gut mit unseren Böden umgehen und die Treibhausgase reduzieren."

„Steiners Idee vom ‚lebendigen Organismus', in dem alles ineinandergreift, funktioniert", bilanziert Markus Knösel. „Es geht sogar noch ein Stück weiter: Hier entsteht eine harmonische Einheit aus Pflanzen, Tieren und Menschen." Sagt's, ruft seine Kinder und geht über den Platz, zum Hofschulraum.

Markus Knösel auf dem Acker (links): „Von einem Beruf, der Produktion und Vermarktung, Forschung und Bildung vereint, habe ich immer geträumt." Gleiches können sicher auch die Mitarbeiter der Saatgutvermehrung (Bild rechts) sagen.

Johannes Günther deutet auf ein riesiges Glasgewächshaus. „Hier bauen wir Feingemüse an: Tomaten, Gurken, Paprika, Auberginen, Chicorée, Feldsalat." Auch in den Folienhäusern wachsen Kulturen. Und im Freiland. Und in der Landwirtschaft wird Hackgemüse angebaut: Möhren, Kürbisse, Pastinaken, Wurzelpetersilie, Kartoffeln, Sellerie, Rote Bete. Aber die Landwirtschaft ist ein eigener Betriebszweig, Günther leitet, gemeinsam mit einem Kollegen, die Gärtnerei. *Head Gardener* steht auf seinem Polohemd: Chef-Gärtner (nicht Kopf-Gärtner, obwohl der Mann ziemlich wilde Locken hat).

Die ökologische Landwirtschaft nutzt natürliche Prozesse, um mit möglichst wenig Ressourcen möglichst hochwertige Lebensmittel zu erzeugen. Basis für alles sind fruchtbare Böden. „Weil wir Gemüse verkaufen, verlassen Nährstoffe unseren Kreislauf. Also müssen wir sie den Böden zurückgeben. Darum lockern und durchlüften wir sie mit Grubber und Häufelpflug. Wir halten eine Fruchtfolge ein, bei der auf drei Jahre intensiven Gemüseanbau zwei Jahre mit Kleegras und Luzerne folgen. Diese sogenannten Leguminosen binden große Mengen Stickstoff und machen ihn für die Pflanzen verfügbar. Außerdem bilden sie dichtes Wurzelwerk, sodass Regenwürmer und andere Kleinstlebewesen im Boden ausreichend Nahrung finden und ihrerseits für eine erhöhte Humusproduktion sorgen. Das Kleegras verfüttern wir an unsere Rinder und bringen wiederum deren Mist aus, nachdem wir ihn zu Kompostmist aufbereitet haben." Auf manchen Feldern des Hofguts wurde in fünfundachtzig Jahren nie Kunstdünger ausgebracht. Trotzdem erwirtschaften die Rengoldshausener sehr gute Erträge. Es sei eine Illusion, erklärt Günther amüsiert, zu denken, Biobetriebe würden nicht düngen, nicht spritzen. Er mache beides – nur eben organisch.

Nebenan in der Jungpflanzenanzucht bereiten Azubis Setzlinge vor: Fast alle angebauten Pflanzen wurden selbst gezogen, 1,3 Millionen Töpfchen im Jahr. „Beim Pflanzen richten wir uns nach dem Aussaatkalender." Johannes Günther schlägt ein Heft auf. „Planeten beeinflussen vieles, nicht nur den Rhythmus der Jahreszeiten, und in der biodynamischen Landwirtschaft nutzen wir diese Naturkräfte." Er blättert

Alle helfen mit, wenn der Chicorée für Versand und Verkauf hergerichtet wird

durch Sternbilder, Planetenkonstellationen und Elementezuordnungen. „Hier sind alle Blüte-, Blatt-, Frucht- und Wurzeltage verzeichnet. Wir säen zum Beispiel jede Woche 6.500 Salatköpfe – möglichst an Blatttagen. Manchmal gibt es aber zehn, zwölf Tage keinen Blatttag, dann säen und ernten wir trotzdem, schließlich wollen die Verbraucher Salat essen. Auch im Freiland kann ich wegen des Wetters nicht stur nach dem Kalender arbeiten. Aber im Gewächshaus haben wir ganz gute Bedingungen."

„Wachsen Pflanzen besser, wenn Sie sich nach dem Stand der Sterne richten?"

„Den Einfluss des Mondes kennt man in der Landwirtschaft schon lange. Jeder Forstwirt, jeder Bauer weiß, dass Holz in bestimmten Phasen geschlagen haltbarer ist."

„Gibt es dafür wissenschaftliche Grundlagen?"

„Es gibt zahlreiche Untersuchungen mit unterschiedlichen Ergebnissen. Die Autorin dieses Kalenders, Maria Thun, hat ihr Leben lang Pflanzenbau und Planetenkonstellationen erforscht und ich vertraue ihrer Erfahrung, so wie ich meinem KFZ-Mechaniker vertraue oder Rat von anderen Praktikern annehme." Klar, man könne sagen, er glaube an Esoterik, räumt Günther ein. Und zuckt mit den Schultern. Er diskutiere da nicht. Er wuchs in einem anthroposophisch geprägten Haushalt auf, wurde, wenn er mal krank war, anthroposophisch behandelt, ging zur Waldorfschule – er habe viel von Steiners Lehren profitiert. Auch in der Landwirtschaft ist eben manches eine Gratwanderung: Dinge sind wissenschaftlich nicht belegt und funktionieren trotzdem. Sie lassen sich nicht über naturwissenschaftliche Erkenntnisse erklären, eher über geisteswissenschaftliche. Wer täglich in und mit der Natur arbeitet, weiß vieles aus der Theorie, vieles aus der Praxis und manches aus Intuition.

Johannes Günther geht weiter, vorbei an Stauden mit Rispen voller Tomaten. „2017 scheint ein gutes Tomatenjahr zu werden", sagt er und prüft einzelne Pflanzen. Einer seiner Kollegen hat am Morgen Hornkiesel gespritzt: eine Lösung aus fein vermahlenem Quarz, der in einem Kuhhorn im Boden vergraben wurde, um kosmische Lebenskräfte aufzunehmen. „Alle Demeter-Betriebe setzten biodynamische Präparate zur Bodenbelebung und Pflanzenförderung ein", erklärt er. Wird eine Kultur von Schädlingen befallen, greift er zu Nützlingen. Nur wenn die das natürliche Gleichgewicht nicht wieder herstellen können, spritzt er organische Pflanzenschutzmittel. „Landwirtschaft ist nichts Natürliches. Sie ist eine Leistung des Menschen – Agrikultur –, ohne sein Eingreifen gäbe es Getreide, Obst und Gemüse bis heute nur in Wildform, nicht planbar anzubauen, zu ernten und in den Handel zu bringen. Allerdings arbeiten wir hier in der Kultur mit und nicht gegen die Natur."

Ein Stück weiter wird die Luft feuchter, es riecht nach Erde und Paprika. Bunte Stecker ragen aus dem Boden, darauf sind Namen von Pflanzen und Züchtungslinien notiert. Der dritte Betriebszweig in Rengoldshausen ist der Samenbau, der samenfeste Sorten biodynamisch züchtet und vermehrt.

Samenfest sind Sorten, wenn sie dieselben Eigenschaften haben wie ihre Eltern, natürlich vermehrt und von Insekten oder durch Wind bestäubt werden können. Hybride gelten als uniformer und höher im Ertrag, haben aber den Nachteil, dass aus ihrem Samen keine stabile Sorte wächst. Jedes Jahr muss neues Saatgut gekauft werden, was wenig nachhaltig ist. Hybridsorten sind längst weit verbreitet und haben zu einem Schwund samenfester Sorten geführt. Zudem sind sie patentiert – so werden immer mehr Gemüse-, Getreide- und Obstsorten, die Grundlage unserer Ernährung, vom Kultur- zum Wirtschaftsgut. Im Verbund mit anderen Demeter-Betrieben, Universitäten und Forschungseinrichtungen im In- und Ausland, arbeitet man auf dem Hofgut daran, biodynamische Gemüsesorten zu erhalten und zu entwickeln. „Biodynamische Züchtung züchtet nicht im Reagenzglas, sondern am Objekt. Die Pflanzen werden ausgesät, zu Blüte und Samenreife gebracht und beobachtet. Hier hat unsere Züchterin beispielsweise orange Spitzpaprika gekreuzt, und weil sie unter realen Produktionsbedingungen besser auslesen kann, kooperieren wir mit dem Samenbau. Züchtung ist mühsam, es dauert Jahre, bis eine Sorte marktreif ist.“

Der Weg zurück zum Hofladen führt an bunten Blühstreifen vorbei – zwischen Zinnien, Cosmea, Calendula und Astern schwirren Bienen, Vögel flattern auf. Überall haben die Rengoldshausener Blühstreifen, Hecken und Streuobstwiesen angelegt, Bäche und Feuchtbiotope renaturiert. So locken sie Insekten an, geben Vögeln Nahrung und Brutraum und produzieren nicht nur gesunde Lebensmittel, sondern pflegen auch heimische Landschaften, sorgen für Artenvielfalt und Biodiversität, helfen, das Ökosystem intakt zu halten.

„Die Umwelt“, sagt Walter Sorms, „schützen wir auch durch kurze Wege.“ War es vor fünfzig Jahren die Regel, dass Lebensmittel aus der Region stammten, ist es heute die Ausnahme. Die Art und Weise, wie wir uns ernähren, sorgt für erheblichen CO_2-Ausstoß und der wiederum für Erderwärmung und Klimawandel. Kurze Wege verbessern also die Ökobilanz. „Und unser ökologisches Ideal“, fügt Sorms hinzu, „funktioniert auch ökonomisch.“

Er muss es wissen. Über dreißig Jahre hat er als Betriebsleiter und Vorstand die Entwicklung des Hofguts mitbestimmt. „In den 1980er-Jahren gab es einen Aufbruch. Wir wollten raus aus dieser Nische ‚Bio sind bloß verschrumpelte Äpfel, selbst gestrickte Socken und muffig riechende Läden'. Damals gab es viele Neugründungen. Der Naturkosthandel wuchs, die Nachfrage wuchs – und wir bedienten sie.“ Er lacht und streicht sich übers dünner gewordene Haar. „Wir waren jung und hatten Dampf.“

Mehr Bioläden, mehr Biostände auf Wochenmärkten bedeuteten aber auch mehr Konkurrenz. Beugen wir uns den blöden marktwirtschaftlichen Gesetzen, nach denen nur der Stärkste überlebt?, fragten sich die Weltveränderer. Oder ist es klüger, zu kooperieren statt zu konkurrieren? So entstand das Bündnis für biologisch-dynamische Arbeit am Bodensee und in ihm die Erzeugergemeinschaft Ökologische Gemüseanbau- und Liefergemeinschaft Bodensee: Betriebe, die mehr produzieren, als sie vermarkten können, verkaufen ihre Produkte gemeinsam an Großabnehmer. Zugleich liegt in der Bündelung der Kräfte die Chance, diese Abnehmer auch kontinuierlich zu beliefern. So ist die Gemeinschaft zum potenten Geschäftspartner geworden. Walter Sorms – an sich kein

Gerade noch auf dem Acker, jetzt in die Regalkiste und morgen frisch im Supermarkt. „Die Umwelt schützen wir auch durch kurze Wege.“ Für VonHier ist es die Fahrt vom Bodensee nach Kempten.

Managementzentrale des Demeter-Hofgutes: Am Morgen kommen dort alle zu Besprechung und Aufgabenverteilung zusammen

lauter Mensch, wenn er spricht, nimmt er sich Zeit, wählt seine Worte mit Bedacht – gerät in Fahrt, wenn er zurückdenkt. Ein Wendepunkt sei das gewesen, damals, als die Erzeugergemeinschaft auf Hannes Feneberg traf, den Mann hinter der VonHier-Idee. Der suchte Bauern, die biologisch angebautes Gemüse aus der Region liefern konnten: regelmäßig, in bester Qualität, in den geforderten Mengen. Die Erzeugergemeinschaft und mit ihr das Hofgut Rengoldshausen taten genau das. Man kam ins Geschäft. Das lief über die Jahre nicht immer reibungslos, doch beide Seiten wussten stets, dass sie sich aufeinander verlassen konnten. Heute liefert das Hofgut Rengoldshausen Gemüse an VonHier, zu Preisen, die die hohen Investitionen der Erzeuger berücksichtigen. Die kurzen Wege und eine zentrale Erfassung sorgen dafür, dass alle Waren schnell und frisch und umweltverträglich in die Lebensmittelmärkte der Region und zu den KundInnen kommen. Frei nach dem Motto: heute auf dem Acker, morgen im Regal.

„Ich finde, eine ähnliche Weitsicht wie 1932 die Familie Voith zeigten fünfundsechzig Jahre später die Macher von VonHier, als sie nachhaltig und regional erzeugte Lebensmittel in den Einzelhandel brachten", bilanziert Sorms. „Umgekehrt konnten wir uns nur durch diese Kooperation so gut entwickeln." Gärtnerei und Landwirtschaft stünden heute sehr gut da, nicht einmal bei großen Investitionen brauche man Stiftungsgelder, schaffe alles aus eigener Kraft. Sorms lacht und faltet die Hände vor sich auf dem Tisch. „Ich glaube, wir haben uns gegenseitig gesucht und gefunden."

Vor Kurzem hat Walter Sorms sich aus dem Vorstand zurückgezogen. Markus Knösel und Johannes Günther haben die Leitung des Guts übernommen. Die Hofnachfolge ist in der deutschen Landwirtschaft ein großes Problem – nicht so in Rengoldshausen: Mit seiner Strahlkraft zieht das Gut Menschen an, und unter ihnen sind immer auch welche, die Verantwortung übernehmen wollen. „Wir hören oft, Rengoldshausen sei ein bisschen wie ein Traum", sagt Walter Sorms und in seiner Stimme schwingen Freude und Stolz. „Was ich so besonders finde: Einerseits kommen wir dem Steinerschen Ideal vom geschlossenen System sehr nahe. Andererseits hat Landwirtschaft eine soziale Seite – und da sind wir sehr offen für Menschen und Ideen."

Es ist Abend geworden. Der Platz vor dem Hofladen hat sich geleert, die Bäume werfen lange Schatten. Der Geist der Gründer – anthroposophisch leben, gemeinschaftlich arbeiten und Landwirtschaft im Einklang mit der Natur betreiben – ist auf dem Hofgut Rengoldshausen heute so lebendig wie 1932. Und wird es wohl auch in Zukunft bleiben. (SE)

Kurz und wichtig

- Seit 1932 wirtschaftet das Hofgut Rengoldshausen biologisch-dynamisch und ist heute der fünftälteste Demeter-Betrieb der Welt. In den Betriebszweigen Feld- und Viehwirtschaft, Gärtnerei und Samenbau orientiert man sich an Rudolf Steiners Aufsätzen zur Landwirtschaft und dem anthroposophischen Weltbild, der Idee von der Einheit von Mensch, Tier, Pflanze, Kosmos.
- In der Rinderhaltung werden Vorzugsmilch und Biofleisch produziert. Alle auf dem Hof geborenen Tiere bleiben im Betrieb und wachsen bei ihren Müttern auf (muttergebundene Kälberaufzucht). Im Sommer ist die Herde auf der Weide, im Winter wird ausschließlich Heu gefüttert. Ein Außenklimastall – später noch einmal nach Kriterien des Wohlbefindens der Herde umgerüstet – sowie eine konsequente Herdenführung nach der Stockmanship-Methode garantieren eine besonders artgerechte Tierhaltung.
- In der Feldwirtschaft und der Gärtnerei werden die Böden mit dem Häufelpflug bearbeitet. Eine fünfjährige Fruchtfolge und der zu Kompost aufbereitete Rindermist nähren die Böden, der Einsatz biodynamischer Präparate stärkt die Pflanzen. Der hofeigene Samenbau macht den Demeter-Betrieb unabhängig von patentierten Hybridsorten.
- Eine effiziente Vermarktung nach dem Prinzip der kurze Wege sorgt für frische Ware aus der Region und hilft, das Ökosystem intakt zu halten. Auch Blühstreifen, Hecken und Streuobstwiesen, renaturierte Bäche und Feuchtbiotope schützen die Umwelt, denn sie geben Insekten, Vögeln und anderen Tieren Nahrung und Brutraum, sichern so die Artenvielfalt und pflegen die Landschaft.
- Seit Mitte der 1980er-Jahre ist in Rengoldshausen zudem ein starkes soziales Engagement entstanden: Eine Stiftung – heute auch Eigentümerin des Guts – widmet sich Bildung und Forschung. Jedes Jahr arbeiten und lernen Kinder, Jugendliche und Erwachsene, Schüler, Auszubildende und Praktikanten, MitarbeiterInnen aus dem Einzelhandel und Freiwillige aus der ganzen Welt auf dem Hofgut.

Rengoldshauser Hof GmbH

Rengoldshausener Straße 31, 88662 Überlingen

Biologisch-dynamisch bewirtschaftetes Hofgut (Landwirtschaft, Gewerbe, Stiftung) – biozertifiziert seit 1932 – Anbauverband: Demeter

Betriebsorganisation
Milcherzeugung (Vorzugsmilch), Rindermast, Ackerbau mit Feldgemüse, Gärtnerei mit Freiland- und Gewächshausgemüse, Samenzucht und Vermehrung

Landwirtschaftliche Nutzfläche
200 ha, davon 115 ha Ackerland und 85 ha Grünland
51 ha des Ackerlandes sind Gemüseanbauflächen, davon 6.500 qm unter Dach, z.T. beheizt
140 ha gehören der Stiftung, der Rest sind Pachtflächen.

Viehhaltung
50 Milchkühe, 1 Zuchtstier, 100 Rinder (Kälber, Färsen, Mastbullen), Rasse: Original Schweizer Braunvieh
Milchleistung: 5.000 Liter pro Kuh und Jahr

Gebäude
Laufstall mit Liegeboxen und Stroheinstreu, Laufflächen planbefestigt, Entmistung mit Hoflader
Große Außenfläche zur Kompostaufbereitung
Heubergehalle für 6.500 Kubikmeter loses Heu
Tandemmelkstand

Arbeitskräfte
45 AK in der Produktion (Landwirtschaft, Gärtnerei, Samenzucht), 25 AK in der Vermarktung

Maschinen
Vollmechanisiert für Futter-, Gemüse- und Getreideanbau

Energiebereitstellung
Hackschnitzelheizung, beschickt mit Holz aus der Umgebung (deckt den Wärmebedarf zu 90 %)

Vermarktung
Langjährig aufgebaute Direktvermarktung (Lieferung frei Haus und Hofladen) mit 40 Gemüsesorten, Vorzugsmilch und Rindfleisch
Der Großteil des Gemüses wird über die Ökologische Gemüseanbau- und Liefergemeinschaft Bodensee direkt in die Marke VonHier sowie an den Biogroßhandel geliefert.

Die Ölbarone aus Mittelschwaben

Leindotter – Gesundheitspflanze schon bei den Kelten

Viele Jahre hat Johannes Spengler Lastenaufzüge konstruiert, Druckmaschinen und Parksysteme, hat gerechnet, geplant, geprüft. Zwar wuchs er auf einem Milchviehbetrieb auf, doch es waren mechanische Abläufe und technische Systeme, die ihn faszinierten, die Entwicklung bedarfsgerechter Lösungen, die Überwachung komplexer Fertigungsverfahren. Trotzdem übernahm er 1997 den Familienhof. Baute fortan Getreide an, stellte 2002 auf bio um – und blieb im Hauptberuf, was er war: Maschinenbaukonstrukteur. Berechnete Abläufe, plante Systeme, entwarf Anlagen.

Dann verlor er seinen Job, war plötzlich arbeitslos.

Mit dem geschulten Denken eines Konstrukteurs prüfte er Zukunftsperspektiven im Maschinenbau, analysierte Chancen in der Landwirtschaft. Es war ja nicht so, dass die ihn nicht interessierte. Vor allem alte Anbaumethoden interessierten ihn. Traditionelle Bodenbearbeitungstechniken. Heimische Kulturpflanzen. Die Veredelung von Rohstoffen wie die Kaltpressung von Ölsaaten, ihre Vorteile gegenüber der Raffination in der industrialisierten Speiseölherstellung.

Und so kam es, dass Johannes Spengler ins Ölgeschäft einstieg.

Das Erste, was auffällt, wenn man die Ölmühle Kappelbauer betritt, ist der Geruch: Würzig riecht es, ein wenig nach pürierten Erbsen. In einem Raum, der einst Kuhstall war, steht eine Edelstahlanlage: Oben rutscht aus Rohren Leindottersaat in mehrere Trichter, rutscht weiter ins Innere, wo Schneckenpressen sie zu Brei pressen, unten rinnt ein milchiger Strahl Truböl heraus. Vieles in seinem neuen

KAPPELBAUER
ÖLMÜHLE

Metier – wie presst man Saaten? Wie trocken müssen sie bei der Veredelung sein? Wann ist der beste Zeitpunkt, zu ernten? – musste Johannes Spengler sich erst aneignen. „2004, als ich anfing, gab es in Deutschland nur wenige Ölmühlen, die kalt gepresste Speiseöle herstellten. Die, die es gab, waren regional ausgerichtet und so konnte ich mich mit den Betreibern austauschen, wir waren keine Konkurrenten."

Aus der Region für die Region war früh auch sein Leitmotiv. Dabei stellte er fest, dass es in seiner Heimat Bayerisch-Schwaben kaum Speiseöle aus regionalen Saaten gab. Schon gar nicht in Bioqualität. Kein Raps-, kein Distel-, kein Traubenkern-, kein Sonnenblumenöl.

Er hatte seine Marktlücke entdeckt!

Und sprang beherzt hinein. Machte sich auf die Suche nach heimischen Saaten – und entdeckte ein seltenes Gewächs. „Einige Biobauern säten damals Leindotter als Stützfrucht. Erbsen beispielsweise sind mit dem Mähdrescher schwierig zu ernten, doch wenn man eine Stützfrucht mit aussät, ranken sie daran hoch und lassen sich leichter ernten. So kam es, dass Leindotter Anfang der Nullerjahre hier in der Gegend wieder kultiviert wurde."

Dabei ist Leindotter eine uralte Kulturpflanze, hervorgegangen aus einer Wildpflanze, verbreitet in Europa und Asien. Schon vor viertausend Jahren gewannen die Kelten Speiseöl aus Leindotter. Später geriet er in Vergessenheit und

Zarte Pflanze, geballte Kraft: Leindotteröl enthält einen hohen Anteil der ungesättigten Fettsäure Omega-3. Biobauern verwenden Leindotter gern als Stützfrucht in ihren Kulturen.

ist heute weitgehend unbekannt – so unbekannt, dass er oft mit Lein verwechselt wird. Beide Pflanzen sind nicht einmal verwandt, Lein gehört zur Familie der Leingewächse, Leindotter ist ein Kreuzblütengewächs. Allerdings enthalten die Samen beider Pflanzen einen hohen Ölanteil. Das Öl wiederum enthält verschiedene Fettsäuren, darunter mehrfach ungesättigte Omega-3- und Omega-6-Fettsäuren, die der Körper nicht selbst bilden kann und darum mit der Nahrung aufnehmen muss. Sie stärken Immunsystem und Stoffwechsel, schützen vor Herz-Kreislauf- und chronischen Entzündungskrankheiten, wahrscheinlich auch vor Demenzerkrankungen. „Unser Leindotteröl enthält 38 Prozent Omega-3-Fettsäuren, etwas weniger als Leinöl und ein Vielfaches mehr als die meisten Fischsorten. Außerdem ist das natürliche Verhältnis von Omega-3- und Omega-6-Fettsäuren ideal.“ Was Ernährungswissenschaftler, Internisten, Kardiologen und Chemiker schon lange wissen, erkannte im Sommer 2017 auch die Deutsche Gesellschaft für Ernährung an: In ihren Leitlinien wies sie auf die gesundheitsfördernde Wirkung von Omega-3- und Omega-6-Fettsäuren hin und empfahl den regelmäßigen Verzehr entsprechender Lebensmittel. „Ich gebe Leindotteröl gern ins Müsli. Unserem Sohn rühren wir es in den Brei – und er wächst und gedeiht.“ Mit seinem leicht erbsigen Geschmack eignet sich Leindotteröl auch für Pesto, für Salate, Dressings, Dips. Und zur Hautpflege, es zieht gut ein.

Wertvolles Gut: Nach der Extraktion des Speiseöls kann Johannes Spengler die Pressreste als eiweißreiches Futter an Biomilchvieh-Betriebe verkaufen

Die Ölmühle Kappelbauer liefert auch Sonnenblumenöl ins VonHier-Programm. In Flaschen aus dunklem Glas sind Aroma und Inhaltsstoffe gut vor Licht geschützt.

In der Ölmühle rinnt beständig und leise plätschernd immer neues Leindotteröl ins Fass. Anschließend wird es gefiltert. Dezentrale Ölmühlen pressen kalt: Die schonende Behandlung erhält Inhaltsstoffe und Geschmack. In zentral arbeitenden, oft zu Konzernen gehörenden Ölmühlen wird raffiniert, werden die Saaten mehrfach erhitzt und gepresst, mittels chemischer Zusätze entschleimt, entsäuert, desodoriert, gebleicht: Inhalts- und Geschmacksstoffe gehen verloren. Dafür lassen sich die Saaten nahezu vollständig auspressen, während bei der Kaltpressung der Restfettgehalt höher, die Ausbeute geringer ist. In Deutschland, bedauert Spengler, haben wir keine Ölkultur. „In Mittelmeerländern wird überall mit nativem Olivenöl gekocht, Öl ist dort ein Lebensmittel. Unter Kardiologen gilt Mittelmeerkost als Nonplusultra einer gesunden Ernährung. Trotzdem propagiert man bei uns das Ideal der fettfreien Ernährung. Das finde ich problematisch, denn Fett ist nicht gleich Fett. Einfach und mehrfach ungesättigte Fettsäuren sind lebenswichtig, unser Körper braucht sie, um Vitamine zu verwerten, für den Zellstoffwechsel, das Immunsystem, fürs Wachstum und zum Schutz von Adern und Organen." Wer statt Mittelmeerkost Produkte aus unseren Breiten bevorzugt, ist in Sachen Omega-3 mit Milch aus artgerechter Haltung und nativen Speiseölen gut versorgt. Beides macht zudem Nahrungsergänzungsmittel wie Omega-3-Kapseln aus Fischöl oder Krill aus der Antarktis überflüssig – die steigende Nachfrage nach solchen Präparaten alarmiert inzwischen viele Umweltschützer: Sie verstärke die weltweite Ausbeutung von Fischbeständen und gefährde so die Ökologie der Ozeane.

Johannes Spengler geht ins Lager: Kartons bis unter die Decke, Paletten voller Flaschen. 25.000 Liter Biospeiseöl produziert er im Jahr und die Nachfrage steigt weiter. Weil seine Flächen zu klein sind, kooperiert er mit Biobauern in der Region: Sie bauen Raps, Sonnenblumen und Leindotter für ihn an – und haben in ihm nicht nur einen festen Abnehmer, sondern bereichern mit den Ölfrüchten auch ihre Fruchtfolgen. Selbst baut Spengler Leindotter an, den er mit Hafer und Sommergerste aussät. So zart Leindotter aussehe – hohe Stängel, feine gelbe Blüten, kleine Schoten –, so robust sei er. Er lasse sich hervorragend biologisch anbauen: säen, striegeln, wachsen lassen. Auch Schädlinge seien kein Problem, nur zu viel Feuchtigkeit möge die Pflanze nicht, dann drohe Mehltau. Als Mischfrucht angebaut ist der Bestand zudem so dicht, dass wenig Licht auf den Boden fällt und kaum Unkraut wächst. Seine Böden pflegt Spengler durch eine vielgliedrige Fruchtfolge aus Kleegras, Dinkel, Roggen, Ackerbohnen oder Erbsen, Hafer, Sonnenblumen und Leindotter. Zudem kooperiert er, weil er keine Tiere hält, mit einem Ziegenhalter, tauscht Kleegras gegen Mist.

„Für die Qualität des Öls ist der Zeitpunkt der Ernte entscheidend. Sind die Saaten nicht reif genug, sind die Fettsäuren nicht voll ausgebildet. Sind sie zu reif, steigt der Anteil

Qualitätskontrolle im Gegenlicht: Goldgelb und klar zeigt sich das frisch gepresste Leindotteröl. Mit seinem leicht erbsigen Geschmack verfeinert es besonders Salate, Dressings und Dips.

an unerwünschten freien Fettsäuren, Geschmack und Qualität leiden.“ Nach der Ernte reinigt Spengler das Getreide, dabei fällt die Leindottersaat durchs Sieb. Anschließend wird sie getrocknet, gepresst, eingelagert und sukzessive zu frischem Öl verarbeitet.

Nebenan läuft unermüdlich die Presse, wie geschmiert, wenn man das sagen kann, und während der Ölstrom fließt, windet sich aus einer Öffnung wie ein schwarzer Wurm der Ölkuchen. Die ausgepressten Saatreste enthalten viel Eiweiß, weshalb Spengler sie als Viehfutter vermarktet. Sein traditionell hergestelltes Leindotter- und Sonnenblumenöl verkauft er an VonHier. Gemeinsam, in enger Zusammenarbeit, haben beide das Geschäft aufgebaut. Seit einer Weile läuft es so gut, dass Spengler auch den Naturkosthandel und den Lebensmitteleinzelhandel beliefert.

„Herr Spengler, über einen Onlineshop könnten Sie Ihre Öle im ganzen Land verkaufen. Warum ist Ihnen Regionalität so wichtig?“

Pause.

Und ein prüfender Blick. „Wir transportieren so viele Dinge um den Erdball, das verschlingt so viel Energie und produziert solche Mengen an CO_2, da möchte ich nicht mitmachen.“ Ein Zögern. „Andererseits kaufen immer mehr Menschen nicht mehr in Läden, sondern im Internet ein. Muss ich eines Tages auch online gehen, um den Anschluss nicht zu verlieren?“ Ein Stirnrunzeln. Und ein Schulterzucken. „Ich finde, durch diesen globalen Handel geht uns auch etwas verloren, ein Stück regionale Identität. Vor hundert Jahren haben die Menschen gegessen, was vor ihrer Tür wuchs, lokale Spezialitäten haben sich entwickelt, Rezepte, die heute in Vergessenheit geraten. Pflanzen werden nicht mehr angebaut und sterben aus. Wenn ich lokal handle, bleibt außerdem die Wertschöpfung in der Region, ich stärke Strukturen vor Ort statt internationale Konzerne. Als ich jung war, gab es in fast jedem Dorf eine Käserei, in der haben zwei, drei Leute gearbeitet, selbstständig und eigenverantwortlich, sie kannten ihre Kunden. Durch die Industrialisierung der Milchwirtschaft verschwanden die Käsereien. Arbeitsplätze wurden verlagert und heute pendeln die Leute, arbeiten im Schichtbetrieb, üben monotone Tätigkeiten aus, und wenn sie nach Hause kommen, sind sie müde, sodass auch das soziale Leben im Dorf leidet.“ Fragend hebt Spengler eine Braue. „Ist es nicht sinnvoll, lokale Wirtschaftskreisläufe zu stärken?“ Im nächsten Moment nickt er, als habe er sich die Frage selbst gestellt. „Ich kooperiere gern mit Nachbarn und will auch in Zukunft regional wachsen, ich sehe da noch viel Potenzial. Spätestens im übernächsten Jahr werde ich auch Soja und Hanf anbauen lassen und das Sortiment um Soja- und Hanföl erweitern.“

Er lehnt sich zurück. Einen Moment lang ist nur das leise Mahlen der Ölmühle zu hören. Dann lächelt Johannes Spengler und sagt: „Natürlich hätte ich schneller wachsen können. Hätte ich bei der Gründung gesagt: Ich kaufe, was immer der Markt an Saaten hergibt, mache Öl und bringe es unter die Leute, dann hätte ich heute zwanzig Angestellte, eine Einkaufs-, eine Verarbeitungs- und eine Vertriebsabteilung. Aber …“ Beinahe entschuldigend zuckt er mit den Schultern. „Ich bin nun mal kein strammer BWLer, der nur den Profit im Blick hat.“

In seinen alten Beruf möchte er übrigens nicht zurück. Der leidenschaftliche Maschinenbaukonstrukteur ist längst mit Herz und Seele Ölbaron.

„Ölbaron?“ Wieder runzelt Johannes Spengler die Stirn. Wiegt den Kopf, prüft das Wort. Es macht ihn, scheint's, skeptisch. Es ist ihm, scheint's, eine Nummer zu groß?

„Die Ölmühle läuft recht ordentlich“, sagt er dann. „Ich kann nicht klagen.“

In seiner Brust, scheint's, schlägt auch das Herz einer schwäbischen Hausfrau. (SE)

Kurz und wichtig

- Als Johannes Spengler entdeckte, dass es in seiner Heimat Bayerisch-Schwaben kaum Speiseöle aus regionalen Saaten gab, schon gar nicht in Bioqualität, beschloss er, sie künftig selbst zu produzieren, und wurde Ölmüller.
- Bei der Suche nach heimischen Saaten entdeckte er Leindotter, eine uralte Kulturpflanze, die in Vergessenheit geraten war und heute weitgehend unbekannt ist. Anfang der Nullerjahre begannen Biobauern in Mittelschwaben jedoch, Leindotter als Stützfrucht anzubauen und wieder zu kultivieren.
- Der Samen enthält einen hohen Ölanteil. Das Öl wiederum enthält verschiedene Fettsäuren, darunter mehrfach ungesättigte Omega-3- und Omega-6-Fettsäuren, die der Körper nicht selbst bilden kann und darum mit der Nahrung aufnehmen muss. Spenglers kalt gepresstes Bio-Leindotteröl enthält 38 Prozent Omega-3-Fettsäuren, ein Vielfaches vom Omega-3-Anteil der meisten Fischsorten.
- Wie beim Einkauf und Anbau der Saaten achtet Johannes Spengler auch beim Verkauf seiner nativen Bioöle auf Regionalität. So bleibt die Wertschöpfung in der Region, statt internationaler Konzerne stärkt er Strukturen und Wirtschaftskreisläufe vor Ort.

Ölmühle Kappelbauer

St.-Leonhard-Straße 32,
86500 Maingründel (Bayerisch Schwaben)
Betreiber: Johannes Spengler

Bäuerlicher Familienbetrieb mit gewerblicher Verarbeitung (Ölmühle) – biozertifiziert seit 2002 – Anbauverband: Bioland

Betriebsorganisation
Ackerbau
Herstellung von Speiseölen (Leindotter, Raps, Sonnenblumen)
Verarbeitung von Ölfrüchten von 25 Zulieferern

Landwirtschaftliche Nutzfläche
20 ha Ackerfläche
Fruchtfolge: Dinkel, Roggen, Hafer, Erbsen, Kleegras, Sonnenblumen, Leindotter
Tausch mit Bio-Ziegenhalter: Kleegras gegen Mist

Gebäude
Bäuerliche Hofstelle
Integriert im Wirtschaftsteil: Anlagen zur Lagerung und Aufbereitung der Ölfrüchte

Arbeitskräfte
1 Familien-AK, 0,5 AK als Bürokraft, eine Anstellung auf 450-Euro-Basis

Maschinen
2 Schlepper (10–20 Jahre alt), die üblichen Ackerbaugeräte, Mähdrusch über Lohnunternehmer
Anlage zur Herstellung von Speiseölen Vorrichtungen zur Aufbereitung von Getreide und Ölfrüchten

Energiebereitstellung
Alternative Energie von der Firma Naturstrom

Vermarktung
Von Beginn an Lieferung von Leindotter- und Sonnenblumenspeiseölen in die Marke VonHier, später zunehmend auch Belieferung des regionalen Naturkosthandels
Getreidelieferung an die Vermarktungsgesellschaft Bio-Bauern mbH

Johannes Egger läuft über den Hof und die Herde auf der angrenzenden Weide hält inne. Dutzende Ziegen recken die Köpfe. Zielstrebig trabt eine Vorhut los, andere folgen, drängen sich am Zaun, strecken die Hälse, keck, frech, hemmungslos, ein vielstimmiges Mähen, Meckern, Schellengeläut. Nur ein paar ältere Tiere liegen ungerührt im Schatten der Apfelbäume, rupfen Gras. „Ziegen sind wilde Viecher. Wenn du mit denen sprichst, schauen sie dich an mit ihrem klugen Blick – oft denke ich, die verstehen mich.“ Egger blinzelt, in seinem Gesicht sanfte Ernsthaftigkeit. Spricht er von seinen Ziegen, klingt aus jedem seiner Sätze Begeisterung. „Sie sind neugierig und flink, ständig passiert was. Sie haben Charakter, jede Ziege ist ein Individuum. Ich schaue denen so gern zu, dass ich manchmal das Arbeiten drüber vergesse.“

Zu seinem dreizehnten Geburtstag wünschte sich Johannes Egger eine Ziege. „Willst du nicht lieber ein Handy“, fragte seine Mutter. „Das musst du nicht füttern.“

Johannes bestand auf einer Ziege. Seine Stallhasen langweilten ihn: hoppelten an den Napf, wenn er Gras brachte, hoppelten fort, wenn sie satt waren. Er wollte ein Tier mit Persönlichkeit. Und bekam Gretel. Fortan hockte er nach der Schule im Stall, streichelte sie oder sah zu, wie sie umhersprang, bestaunte ihre Zeichnung, die behänden Bewegungen, die Augen, die ihn ansahen, als würden sie ihn bis in den hintersten Winkel prüfen. Nach einer Weile bekam Gretel ein Zicklein, dann noch eines, dann waren es vier, dann acht Ziegen, und mit jeder wuchs Johannes' Glück.

Und dann war er sechzehn, fertig mit der Schule und ratlos: Was sollte aus ihm werden? Landwirt, daran dachte er nicht. Daran dachte niemand. Der Egger-Hof war klein, gerade einmal 13 Hektar Grünland, zu klein für eine Zukunft, meinten die Eltern und erwarteten nicht, dass Johannes den Hof übernahm, er nicht und keine seiner vier Schwestern. Stattdessen sagten sie eines Tages: Geh doch mal hinunter zur Molkerei, der wir unsere Milch liefern.

Johannes ging.

Und blieb.

Jung, wendig, erfolgreich

Start-up mit 13 Hektar und 80 Ziegen

Die Verarbeitung und Veredelung von Milch, das Buttern, das Käsen gefielen ihm. „Am Ende der Lehre dachte ich: Es wäre schön, wenn ich die Dinge, die ich am liebsten tue, Käsen und Landwirtschaft, zusammenbringen könnte."

Sein Wunsch wurde umso dringlicher, als er als Geselle im Schichtbetrieb arbeitete. „Ich bin ein Vereinsmensch, bin in der Musikkapelle, bei der Landjugend, bei der Feuerwehr, und oft konnte ich nicht zu den Treffen gehen, weil ich abends, nachts oder am Wochenende habe arbeiten müssen." Zwei Jahre hielt er durch. Wobei er die Sommer auf einer Schweizer Alp verbrachte; er wollte wissen, ob er für die harte Arbeit taugte, für die Selbstständigkeit, das Fortsein von daheim. Anschließend besuchte er die Meisterschule. „Und dann", sagt Johannes Egger und die Freude steht ihm im Gesicht, ein unverhohlenes sattes Leuchten, „dann war ich einfach zur richtigen Zeit am richtigen Ort."

In der Nähe von Kempten lebte ein Mann, der Ziegen hielt. Er war schon älter, an die sechzig. Auch sein Hof war klein, doch weil er nicht nur Milch erzeugte, sondern sie zu Käse veredelte und so eine bessere Wertschöpfung erzielte, konnte er gut wirtschaften. Johannes kannte den Mann – und der kannte ihn. Wusste von seiner Liebe zu den Ziegen und zum Käsemachen. Und er kannte das VonHier-Team und wusste, dass man dort Ziegenmilchprodukte fürs Sortiment suchte. So kam es, dass VonHier dem blutjungen angehenden Molkereimeister eine Kooperation anbot: Er nähme ihm, versprach Hannes Feneberg, der Mann hinter der VonHier-Idee, die Hälfte seiner Ziegenmilch ab, wenn er den Schritt in die Selbstständigkeit wage. Er ermunterte ihn, bestärkte ihn, ebenso Eggers Nachbar Thomas Kiechle, Sohn des früheren Bundeslandwirtschaftsministers Ignaz Kiechle. Und so brachte Johannes Egger mit Anfang zwanzig die Dinge, die er am liebsten tat – Käsen und Landwirtschaft – zusammen: Er bestand seine Meisterprüfung, übernahm den Hof der Eltern, baute um, stellte um, schaffte achtzehn konventionelle Milchkühe ab und sechzig Bunte Deutsche Bio-Edelziegen an, um fortan Ziegenmilch zu erzeugen.

In der Früh nach dem Melken steht Egger in der Molkerei, im weißen Kittel, ein Haarnetz auf dem Kopf. Er prüft die Qualität der Milch, filtert, füllt einen Teil Rohmilch ab, pasteurisiert den Rest, befüllt Flaschen, setzt Frischkäse an. Seine Frau Franziska hilft; neben sich stets das Babyfon, falls der kleine Josef aufwacht.

Er nimmt einen Laib Schnittkäse, löst das Käsetuch. „Unser Käse reift in der natürlichen Schmiere. Ich meine, ich halte meine Ziegen artgerecht, füttere nur Heu und Gras, keine Silage, verarbeite beste Bioheumilch – und soll den Käse vakuumieren, in Wachs oder Paraffin tauchen, damit ich weniger Arbeit mit der Reifung habe?" Er schüttelt den Kopf. „Ökologisches Wirtschaften, Regionalität und gutes Handwerk gehören für mich zusammen."

Dabei verknüpft er Tradition spielend mit Moderne: der digital gesteuerte Pasteur, die Flaschenwaschanlage, die

Selbst auf Biohöfen selten: Ziegen mit Hörnern. Doch Johannes Egger legt Wert darauf. Er bietet seinen Tieren genug Platz und achtet auf ihr Sozialverhalten. Nur das ist für ihn artgerecht – und die alleinige Fütterung mit Heu und Gras.

Eiswasseranlage, der Kupferkessel – alles ist hochmodern, Hightech statt Sennküchen-Romantik. 300.000 Euro hat Johannes Egger in sein Ziegen-Start-up investiert. Und zuvor, im Rahmen seiner Meisterprüfung, einen Businessplan erstellt – denn er ist jung, aber nicht naiv. „Viele fangen mit zwanzig Ziegen an und sind mit Nachzucht im fünften Jahr bei hundert Tieren. Ich habe gleich achtzig Ziegen gekauft, denn angesichts der hohen Investitionen mussten wir von Anfang an voll produzieren." Dabei, fügt er hinzu, sei ein Businessplan pure Theorie: Tiere ließen sich nicht berechnen. „Du weißt nicht, wie viel Milch eine Ziege geben wird. Vielleicht hat sie, wo du sie gekauft hast, so und so viel Liter gegeben, doch das heißt nix. Dort war das Gras anders, das Futter, vielleicht hat sie viel Kraftfutter bekommen. Darum musste ich einfach machen und schauen, was passiert."

Er machte. Und hatte Glück. Nur sieben der achtzig Ziegen erwiesen sich beispielsweise als unfruchtbar. „Unfruchtbare Tiere sind Problem des Züchters, aber mei … Ich war zweiundzwanzig. Wenn ich einen gestandenen Landwirt anrufe und sage: Fünf deiner Ziegen sind unfruchtbar, dann sagt der: Hast halt 'n Scheiß gemacht! – und legt auf." Egger lacht, kein bisschen verlegen. „Als Neueinsteiger denkst du dir: Ist halt blöd gelaufen. Aber egal, denn bei wie vielen Landwirten, die neue Pfade einschlagen, geht's vier, fünf Jahre erst einmal ums nackte Überleben."

℮ 1 Liter
Ziegenmilch
Bioland
Ziegen-
milch

Familiärer Betrieb, professionelle Produktion. Hightech und Handarbeit gehören hier zusammen. Johannes Egger prüft die Qualität der Milch, filtert, pasteurisiert, füllt Flaschen und setzt Ziegencamembert an. Seine Mutter und Ehefrau Franziska helfen – das Babyfon ist an.

Durch den Vertrag mit VonHier war Eggers Betrieb von Anfang an rentabel. „Ohne die Zusage, dass man mir die Hälfte meiner Milch abnimmt, hätte ich den Schritt nicht gewagt. Bei null anfangen und einen eigenen Markt aufbauen?" Er holt hörbar Luft. „In der Hälfte aller Fälle klappt's – in der anderen nicht. Und dann hätte der Hof meiner Vorfahren der Bank gehört. Naa, das hätte ich mich nicht getraut."

„Sie gründen mit Anfang zwanzig ein Unternehmen, mit nichts als einer guten Ausbildung und einer innovativen Idee. Es scheint, Sie sind durchaus mutig."

„Ich?!" Johannes Egger lacht laut heraus. „Überhaupt nicht."

Ziegenmilch und -käse sind Nischenprodukte, doch die Nachfrage steigt. 800 bis 1.000 Liter Bioheumilch liefern die Eggers pro Woche an VonHier. Als im zweiten Jahr nach der Gründung ein anderer Lieferant ausfiel, vergrößerten sie ihre Herde und liefern seither auch Ziegenfrischkäse und -camembert. Beunruhigt ihn die Abhängigkeit von einem großen Abnehmer?

Entschiedenes Kopfschütteln. „Ich bin froh, dass ich einen starken Partner habe. Ich beliefere auch kleine Händler, doch wenn ich mit denen verhandle, erschrecken die oft über den Preis. Ziegenmilch ist gesund, bekömmlich, auch Menschen, die Kuhmilch nicht vertragen, können sie trinken. Mein Betrieb wird regelmäßig kontrolliert, unangemeldet, streng, vom Anbauverband, vom Veterinäramt, von VonHier. Und natürlich kann ich nicht mit Industriekäsereien konkurrieren, dafür lege ich Wert auf gutes Handwerk und das schmeckt man. All das muss ich den Händlern auch nicht erklären, aber wenn die ihre Gewinnspanne draufrechnen, kostet ein Camembert schnell vier Euro. Bei VonHier ist die Preisgestaltung anders, der viel größere Absatz ermöglicht eine geringere Marge."

Egger greift nach einem Blech, auf dem weiße Plastiktöpfchen stehen. Zügig wendet er eines nach dem anderen – Käsen ist Handarbeit – und mit sattem Schmatzen gleiten frische Camemberts heraus. Hat seine Ausbildung ihn auf das, was er heute tut, vorbereitet? Er neigt den Kopf, überlegt. „Ich habe viel über die Prozesse beim Käsen gelernt, aber die Ausbildung zum Molkereimeister bezieht sich auf die Industrie. Man macht Kalkulationen und Wirtschaftlichkeitsberechnungen, die wahnsinnig kompliziert sind und bei mir ganz einfach zu rechnen waren, weil ich so klein bin." Gleichwohl sei diese Ausrichtung logisch, schließlich gebe es fast nur Großkäsereien. Erst seit zehn, zwanzig Jahren entstünden wieder Hofkäsereien, wie sie früher im Allgäu weit verbreitet waren, wachse wieder eine Vielfalt, die mit der Industrialisierung verloren ging. Das liege auch am Tourismus, denn Urlauber kauften gern Käse, bei dem sie sehen, wo er herkommt. „Vor allem liegt das aber am VonHier-Netzwerk, weil man dort gezielt auf Kleinbauern und Familienbetriebe in der Region setzt, ihnen Absatzsicherheit garantiert, sodass sie in nachhaltige Landwirtschaft und hochwertige Veredelung investieren können, ihnen eine Zukunft gibt."

„Was war die größte Herausforderung bei Ihrer Betriebsgründung?"

Johannes Egger zögert keine Sekunde. „Die Planungs- und Bauphase! Der ständige Termindruck, das ständige Hab-ich-auch-an-alles-gedacht? Klar, ich bin Molkereimeister, ich muss so was können, aber mit zweiundzwanzig ist's trotzdem eine Herausforderung. Und überall, wo du anrufst: Du bist einfach ein junger Kerl. Wie oft hab ich mich gefragt: Haut mich der jetzt übers Ohr?"

Sagt's, lacht – und nimmt eine Partie Camemberts und trägt sie in den Reifekeller.

Der kleine Hof in Vogelsang platzt aus allen Nähten: 2017 kamen zum VonHier-Fest um die 8.000 Gäste. Das Fest findet alljährlich im Herbst statt, stets an wechselnden Bauernhöfen, stets mit großer Resonanz.

Nachmittags geht Johannes Egger wieder zu seinen Ziegen. Zäune richten, Klauen schneiden, ein-, aus-, umtreiben, es ist immer was zu tun; sein Vater hilft und mäht zudem. Oft steht er auch einfach herum und guckt: Haben die Tiere kleine Bäuche, große Bäuche, haben sie gut gefressen, bekommen sie möglicherweise Blähungen? Wie bewegen sie sich? Hinkt eine Ziege und wenn ja, warum? Warum blinzelt eine andere oder knirscht mit den Zähnen? „Wenn man aufpasst und die Herde pflegt, kann man viel rausholen."

Obwohl er sozusagen mit Ziegen aufwuchs, war es ein Berater vom Anbauverband, der Johannes Egger alles über Kleintierwiederkäuer beibrachte, was er wissen muss, um einen Wirtschaftsbetrieb zu leiten. „Ziegen sind robust, aber die Jungviehaufzucht ist heikel. Und wenn ein Tier krank wird, geht's oft sehr schnell – eigentlich kenn ich nur gesunde oder tote Ziegen." Die Haltung auf seinem Hof ist vorbildlich: drei geräumige Laufställe mit Stufen und Podesten zum Klettern, zwei Laufhöfe, kein Enthornen. Weil Ziegen futterneidisch sind, hat er ein Fressgitter konstruiert, in dem sie morgens und abends stehen und in Ruhe fressen, sodass auch rangniedere Tiere ausreichend Futter bekommen. „Neulich war ein Landwirt aus Niedersachsen hier. Der konnt's schier nicht glauben: 13 Hektar? Bei ihm daheim wär der Hof klein, wenn hinter der Dreizehn noch eine Null stünde." Er lacht – und freut sich einmal mehr über seine briefmarkengroße Existenz, die doch so wunderbar funktioniert.

„Wo möchten Sie in zwanzig Jahren stehen, Herr Egger?"

„Hier! Nur ohne Schulden." Sein Blick schweift über Hügel, Ställe, Weiden. Das Gras glänzt in der Sonne, der Himmel ist satt und blau, Vögel zwitschern, irgendwo wird ein Trecker angelassen. „Wirklich, ich hätte kein Problem, würde mein Leben in zwanzig Jahren ausschauen wie heute: der Hof, die Ziegen, immer noch dieselbe Frau, vielleicht noch zwei Geschwister für den Josef – so habe ich's mir immer gewünscht. Drum finde ich auch, dass es ziemlich gut läuft."

„Haben Sie Ziele, die Sie noch erreichen möchten?"

„Den Hof in gutem Zustand an die nächste Generation weiterzugeben. Ich nutze ihn, um meinen Lebensunterhalt zu verdienen, aber seinen Wert will ich nicht mindern."

„Wollen Sie wachsen?"

„Alles passt, wie es ist. Die Milchmenge lässt sich noch etwas steigern, durch Zucht und Selektion. Ich möchte die Herde so entwickeln, dass in fünf Jahren alle Tiere ungefähr gleich viel Milch geben, vier Liter im Schnitt statt jetzt dreieinhalb, das ist eine gesunde Menge, damit betreibe ich keinen Raubbau." Neben ihm ein plötzliches Zischen – eine Ziege niest und schüttelt sich. Dann schmiegt sie ihren Kopf an Eggers Schenkel, leckt mit flinker Zunge seine Hand, knabbert an den Fingern. Egger lächelt, krault ihre Ohren. Und die Ziege schaut ihn an, mit klugem Blick – als würde sie ihn und seine Zuneigung bestens verstehen.

Johannes Eggers Eltern sind übrigens froh, dass sie ihrem Sohn seinerzeit kein Handy, sondern eine Ziege geschenkt haben. Nicht auszumalen, der Bub wäre Programmierer geworden … (SE)

Kurz und wichtig

- Mit zweiundzwanzig Jahren übernahm Johannes Egger den 13-Hektar-Grünland-Hof seiner Eltern, schaffte achtzehn konventionelle Milchkühe ab und achtzig Bunte Deutsche Bio-Edelziegen an und gründete seine eigene Käserei.
- Eine Kooperation mit VonHier garantierte ihm die Abnahme mindestens der Hälfte seiner Ziegenmilchproduktion, sodass der Betrieb trotz hoher Investitionen vom ersten Tag an rentabel arbeitete. Inzwischen beliefert Familie Egger die Marke nicht nur mit Ziegenheumilch, sondern auch mit Ziegenfrischkäse und -camembert in Bioqualität.
- In seinem Ziegen-Start-up kombiniert der Jungunternehmer Tradition und Moderne, Handwerk und Hightech, verknüpft erfolgreich eine gute Ausbildung mit einer innovativen Geschäftsidee.
- Dass neben Großkäsereien wieder mehr kleine Hofkäsereien entstehen, bringt eine Vielfalt in die Landwirtschaft zurück, die mit der Industrialisierung verloren ging. Gefördert wird diese Entwicklung u. a. durch das VonHier-Netzwerk, das gezielt auf Familienbetriebe in der Region setzt und ihnen Absatzsicherheit garantiert, sodass sie in nachhaltige Landwirtschaft und hochwertige Veredelung investieren können.

Johannes Egger

Vogelsang 1, 87937 Kempten (Allgäu)

Familienbetrieb im Vollerwerb – biozertifiziert seit 2016 – Anbauverband: Bioland

Betriebsorganisation
Ziegenmilchbetrieb

Landwirtschaftliche Nutzfläche
13 ha, nur Grünland, arrondiert

Viehhaltung
80 Milchziegen mit Nachzucht, Rasse: Bunte Deutsche Edelziege (behornt)
Milchleistung: 900 Liter/Milchziege
Saisonaler Zukauf von Bio-Ziegenmilch aus der Nachbarschaft

Gebäude
Laufstall und Heubergeraum im Altgebäude
Einreihiger Melkstand für 12 Ziegen
Durchgehende Tiefeinstreu

Arbeitskräfte
2 Familien-AK

Maschinen
Schlepper (mehrere gebrauchte), Ladewagen, Heubergegeräte, Altbaukran, Hoflader (klein)

Energiebereitstellung
Photovoltaikanlage 10 kWh zur Eigenversorgung

Hofmolkerei (Neubau) mit Kühl- und Lagerräumen
Wannenpasteur (400 ltr.), Flaschenwaschanlage, Eiswasserbereitung, Käsekessel

Vermarktung
Ziegenmilch (1-Liter-Flaschen) und Ziegenkäse in die Marke VonHier (ca. 80%)

Die Geschichte vom Bruder Hahn

Eine Oase im Wittelsbacher Land

Sie war zu langsam. Obwohl er mehrfach an die Tür geklopft hat. Und obwohl er noch eine Weile plaudernd auf der Treppe stand. Sie hätte weglaufen können wie die anderen, doch sie reckte den Kopf, tänzelte unentschlossen und zauderte. Einen Moment zu lang: Jetzt hält Johannes Breitsameter seine Sandy in den Händen. Die kräftigen Finger umschließen ihre Flanken und für einen Moment schaut er ihr tief in die Augen. Dann dreht und wendet der Bauer seine Henne und begutachtet sie: Füße hoch, Bauch nach vorn, Kopf zur Seite, Füße nach vorn, Flügel auseinander … Und Sandy lässt alles ruhig geschehen.

„Schauen Sie hier", fordert Johannes Breitsameter auf und streicht mit Daumen und Zeigefinger über den Kamm des Tieres. Kräftig ist er, fleischig und von leuchtendem Rot. „Schon daran sehen Sie, dass die Henne gesund ist." Dann gleiten seine Finger am Kehllappen entlang über den Hals zum Bauch: Der Kropf ist gewölbt. „Gut gefüllt", schmunzelt der Landwirt. „Heißt, sie hat genug gefressen." Überhaupt sieht Sandy stattlich aus: flauschig weiße Federn, voll und üppig das Gefieder. Auch Ballen und Zehen sind makellos. „Keine Verletzungen, keine Krankheiten", stellt der Fachmann zufrieden fest, nickt mit dem Kopf und lässt Sandy zu Boden – wo sie noch immer keine Eile hat, zur Herde aufzuschließen.

Sandy ist eines von 12.000 Hühnern, die am Hof der Breitsameters nördlich von Augsburg im schwäbischen Dasing leben, und ihre gute Gesundheit ist alles andere als selbstverständlich. Ein Blick in die aktuelle Forschung zeigt (u.a. *Core Organic II – HealthyHens*), dass hier in der Haltung oft Probleme bestehen: Verformungen am Brustbein, Spuren früherer Bräuche, Schäden am Gefieder …

Nicht so bei Familie Breitsameter: Egal, welches Huhn dem Hausherrn gerade in die Hände läuft. Durchdachtes Management und am Tier orientierte Haltungsbedingungen, dazu ein sensibles Gespür der Breitsameters für ihre Herden stellen sicher, dass es den Hühnern gut geht. Da zählen auch vermeintliche Kleinigkeiten wie das Klopfen an der Stalltür beim Eintreten oder dass Johannes Breitsameter beim Öffnen laut redet. Es zählt ebenso, dass der Landwirt seine Tiere genau beobachtet und derart gründliche Untersuchungen wie gerade bei Sandy systematisch durchführt. Die Ergebnisse dokumentiert er und wertet sie aus. Sorgsam verfolgt er, wie sich die Herden, ihre Gesundheit und ihre Legeleistung entwickeln.

Egal, ob Bruder Hahn oder Schwester Henne: Johannes Breitsameter beobachtet seine Tiere genau. Er dokumentiert und analysiert ihre Gesundheit und Leistung.

Der Grund für das Klopfen an der Stalltür: „Sandy ist eine relativ schreckhafte Rasse." Ohne Ankündigung würden die Tiere mitunter wild auseinander stieben – und sich dabei leicht verletzen.

Sandy ist nicht nur schreckhaft: Sie ist bio und nicht bio zugleich. Natürlich lebt sie seit ihrem ersten Lebenstag ökologisch und kommt von Öko-Elterntieren. Aber ursprünglich stammt sie aus einem Betrieb, der sich selbst als das „weltweit führende Unternehmen für die Zucht von Legehennen" bezeichnet: einem Konzern, der auf Hybridhühner spezialisiert ist. Hühner also, die nicht nachzuchtfähig sind und die der Landwirt immer wieder bestellen muss. Hühner, die entweder darauf gezüchtet wurden, besonders viel Fleisch anzusetzen (Masthybride) oder besonders viele Eier zu legen (Legehybride). Lauter Eigenschaften, die nicht zum Ökolandbau passen: zum Streben nach der Nähe zur Natur, zum Ziel, geschlossene Kreisläufe zu schaffen und unabhängig zu wirtschaften, und zum Bemühen, Vielfalt statt Monopolismus und große Konzerne zu unterstützen.

12.000 Legehennen in 4 Ställen – (k)ein bisschen viel für einen Biobetrieb! Da müssen Herdenmanagement, Platzbedarf und Flächenkopplung stimmen. Täglich werden in Hohlen-eich 11.000 Eier sortiert und verpackt

Dennoch: „Solange es kein echtes Zweinutzungshuhn in bio gibt, setzen wir auf Sandy." Ein solches „echtes Zweinutzungshuhn", das wäre eine Rasse, die beides kann: Eier legen und Fleisch ansetzen. Aber so etwas existiert (derzeit) nicht und daher werden in Deutschland jährlich mehr als 40 Millionen männlicher Küken nach dem Schlüpfen getötet: Es sind die Brüder der schlanken, auf Legeleistung gezüchteten Hennen, denn sie legen weder Eier noch setzen sie lohnenswert Fleisch an.

„Das Töten ist Standard, auch in bio", sagt Johannes Breitsameter. „Wir wollten das nicht länger mitmachen." Eigentlich von Anfang an nicht. „Wir kannten die Bilder aus dem Fernsehen." Das Töten – die Küken werden mit CO_2 erstickt oder in einer Maschine zerschreddert. Die Moral – die Küken müssen sterben, nur weil mit ihnen kein Geld zu machen ist. Zudem das Schweigen – die Küken werden meist zu Tierfutter, was die wenigsten wissen.

Doch auch Breitsameters hatten über viele Jahre keine Lösung: „Wir haben uns so viele Gedanken gemacht und nichts gefunden." Der Landwirt reibt sich nachdenklich das

Kinn. „Außerdem kommst du als Einzelbetrieb nicht weit: Für einen anderen Weg brauchst du Partner – Leute, die an einem Strang ziehen und das gemeinsam umsetzen.“ Irgendwann aber stand Philipp Egger da, ein guter Freund von Johannes und seit langem VonHier-Lieferant, der ebenfalls Legehühner hält: „Ich hätt' da was, macht ihr mit?“

Klar machten Breitsameters mit und die Landwirte erarbeiteten zusammen mit ihrem Kükenlieferanten, der Eiermacher GmbH in Oberösterreich, einen Weg: „Ohne, dass wir Küken töten.“

Als Ergebnis der Zusammenarbeit kam also Sandy nach Hohleneich. 2016 stallten Breitsameters die erste Herde ein. Die Rasse ist stark im Eierlegen und bietet zugleich die Möglichkeit, dass die männlichen Küken nicht sinnlos sterben müssen. „Der ganze Schlupf wird aufgezogen.“ Während die Hennen als Legehühner an den Hof nach Hohleneich kommen, bleiben die Hähne bei den Eiermachern, wo sie geschlüpft sind. „Sie wachsen dort als Schlachttiere heran und ihr Fleisch geht in Babynahrung.“

Eine nicht ganz rentable Sache: Immerhin nehmen Sandy-Hähne nur langsam an Gewicht zu und brauchen im Verhältnis dazu viel Futter. Am Ende wiegen sie zwar mehr als die männlichen Tiere anderer Legerassen, dennoch ist das nicht einmal die Hälfte eines konventionellen Masthahns. Ihre Aufzucht wird daher über den Verkauf der Eier querfinanziert. „Zwei bis drei Cent pro Ei zahlen unsere Kunden mehr.“

„Bruderhahn“ heißt dieses Konzept. Die Hennen und ihre Eier ermöglichen das verlängerte Leben der Hähne. Ein voller Erfolg trotz weniger Leistung: Die Eiermacher GmbH erhielt 2016 den Schweizer Bundestierschutzpreis und Breitsameters freuen sich über „gutes Feedback der Kunden, was uns motiviert und bestärkt“. Außerdem: Einer der Hauptabnehmer von Breitsameters Eiern setzt die Idee im Rahmen des Projektes „Huhn & Hahn“ seit 2017 bei allen Eiern der Marke VonHier um. „Philipp Egger und ich haben es dem Hannes Feneberg präsentiert und er sagte: 'Machen wir'.“

Schon im Studium wusste Breitsameter, dass er den elterlichen Hof nach der Übernahme auf Ökolandbau umstellen würde. Als Diplomarbeit entwickelte er eine Zielplanung. „Und dann war der Punkt zum Entscheiden da.“ Statt weiter konventionell Mastschweine aufzuziehen und Industriekartoffeln anzubauen, „was damals für meinen Vater richtig war“, würde er auf Eier setzen und auf den Anbau von Futterpflanzen zur Ernährung seiner Hennen.

„Mich trieb der Wunsch an, eine eigene Vermarktung aufzubauen.“ Der Grund: „Das Dilemma im Konventionellen sind die Margen, die Zwischenhandel und Verarbeiter einschieben.“ So kam Breitsameter die Idee mit den Eiern: „Die sind sozusagen ein fertiges Produkt und ich kann sie sofort vermarkten.“ Und zwar selbst vermarkten und damit größtmögliche Wertschöpfung in den Betrieb holen. Den Bedarf an bayerischen Bioeiern hatte der junge Umsteiger sorgsam ermittelt: „Der Absatz war schon vor dem Start gesichert.“

Noch im Jahr der Hofübernahme, 1998, startete der damals 31-Jährige sein Vorhaben, ein Jahr später folgte die Öko-Zertifizierung, 2001 begann er mit den Hühnern. „Das war spannend.“ Von einem Moment zum anderen wuselten tausende Junghennen am Hof. “Schon komisch, irgendwie. Aber ich hatte mich belesen, hatte mir viele Ställe angeschaut und bekam von vielen Seiten Hilfe. Das ist alles gut gegangen.“

Klar war da auch ein Risiko: „Unerwartetes passiert immer ...“ Breitsameter fährt sich kurz mit der Hand über die Stirn, dann durch die dunklen Locken. „Das gehört doch dazu. Ich muss Risiken eingehen. Es kann gut gehen oder es gibt einen Rückschlag. Aber ich muss bereit sein, Risiken einzugehen und mein Leben in die Hand zu nehmen.“ Nun hebt er den Kopf und strafft, kaum merklich, die Schultern. „Die anderen, die kein Risiko eingehen, die sind oft nicht zufrieden und jammern. Aber sie verändern ja auch nichts.“

Die Größe seiner Herden, die Anzahl seiner Tiere, die sieht der Hühnerhalter nicht als Risiko. „Ich bin mit 500 Tieren genauso gebunden wie mit 10.000. Da setze ich doch lieber auf eine Dimension, in der sich die Mechanisierung, die

Der Breitsameter-Hof in Hohleneich: eine Oase im Wittelsbacher Land

ganze Technisierung, lohnt." Vier Herden à 3.000 Hennen hält die Familie.

12.000 Hühner, das klingt für manche schon nach agrarindustriellen Strukturen. Nicht aber für Johannes Breitsameter: „Es ginge noch größer, da sehe ich kein Problem." Zwar möchte er selbst nicht wachsen, „aber ich wehre mich gegen Bestandsobergrenzen." Entscheidend seien das achtsame Management und die Koppelung der Tierzahl an die Fläche – bei Bioland derzeit 140 Hennen pro Hektar Land.

Am Betrieb in Hohleneich ist wie nebenbei ein interessantes Modell entstanden: Aktuell sortiert die Mannschaft täglich 11.000 Breitsameter-Eier. Dazu aber kommen die Gelege von neun Partnerbetrieben aus der Nachbarschaft. So werden (in der 2011 neu errichteten Abpackhalle) jede Woche 250.000 Bioeier für Handel und Verkauf konfektioniert. 250.000 Eier, die alle als Breitsameter-Ware den Hof verlassen: Große Zahlen, hinter denen dennoch kleine Betriebe stecken: „Sie fragen, ob sie uns beliefern können, und wenn sie öko sind, und wenn Platz am Markt ist, dann ist das kein Problem."

Dieses Netzwerk sei schrittweise gewachsen: Anfangs habe der Hof die Marke VonHier und einen weiteren Abnehmer beliefert. Dann kam ein früherer Lehrling auf Breitsameter zu und wollte „das auch gern machen". Zugleich fragte ein weiterer Lebensmittelhändler an. Dadurch konnten die Hohleneicher zusagen und der Lehrling in eine sichere bäuerliche Existenz starten. „So ging es weiter. Schön langsam, ganz solide." Mit dem Markt und der Nachfrage wuchs auch die Zahl der Eier-Betriebe im Netzwerk. „Durch die Hühner hat sich für einige unserer Nachbarn eine Perspektive aufgetan. Das war für sie der Schritt, den Hof zu erhalten."

Auf dem Weg vom Stall zum Wohnhaus trifft Johannes seine Frau Gitte. Sie beendet gerade das Gespräch mit einem der Eierlieferanten und wendet sich dann ihrem Mann zu. Ein Nicken Richtung Abpackhalle: „Drin sind wir fertig." Zwei Mal die Woche nimmt Gitte mit ihren fünf Mitarbeiterinnen die Eier entgegen, prüft sie auf Schadstellen, sortiert sie, versieht sie mit dem Erzeugercode und füllt die wertvolle Ware in die Verpackungen des Breitsameter-Hofes. „Sandy-Eier haben übrigens eine andere Farbe", sie nimmt ein Ei und hält es hoch. Es ist nicht braun und nicht weiß, sondern cremefarben.

Eier und Marketing, das sei ihr Bereich, oder wie sie mit ruhigem Lächeln sagt: „Ich bin drin, Johannes draußen." Ein Blickwechsel. „Ganz egal", meint Johannes. „Ohne Gitte würde das hier alles nicht so laufen." Seit über 23 Jahren unterstützt sie ihn – und das, obwohl sie sich nie als Vollblutbäuerin sah. Die Landwirtstochter hatte sich bewusst gegen diesen Weg entschieden und wurde Krankenschwester. „Von diesem Beruf weg und zurück zur Landwirtschaft, das fiel mir damals schwer", sagt sie leise. Doch Gitte ist angekommen: am Hof, an ihrem Platz. „Ich fühl' mich total wohl hier. Ich hänge an den Viechern. Das ist Heimat für mich: Das ist meine Lebensfreude."

Ihr Mann wirkt nachdenklich. „Viele konventionelle Kollegen schauen sich das bei uns an, erst kritisch, dann mit Grübeln … Und dann kommt der Tag, an dem sie umstellen, weil sie bei uns sehen, dass es geht, dass es Freude macht – und dass man damit genauso sein Geld verdienen kann.“ Nach kurzer Pause fügt er hinzu: „Mit unserer Art zu arbeiten und der Kreislaufwirtschaft sind wir Biobauern einfach freier, unabhängiger. Wir haben Spielraum. Für viele Konventionelle heißt Betriebsentwicklung: Kosten minimieren und Produktion steigern. Ich aber kann tüfteln und eine Menge ausprobieren.“

Der Ökolandbau biete viele Perspektiven – und das gute Gefühl, das Richtige zu tun: „Auf die Konventionellen wird doch permanent eingeprügelt: Trinkwasser, Boden, Tierhaltung … Wir Biobauern kriegen da ein ganz anderes Feedback!“ Zudem zeigt die Erfahrung: „Ein Ökobetrieb wirtschaftet genauso erfolgreich wie ein konventioneller!“ Sofort korrigiert sich der Landwirt: „Die Rechnung kippt zum Ökolandbau, wenn man auch die Folgekosten der Umweltbelastung berücksichtigt.“ Dazu der aufwändige „Input“ im Konventionellen wie Energie, Technik, Kraftfutter, Mineraldünger … Johannes Breitsameter schüttelt den Kopf: „Warum macht man das mit?“

Warum, wenn es doch anders geht? Die Hohleneicher arbeiten nicht nur im Stall, sondern auch auf den Äckern ökologisch. Auf rund 190 Hektar Fläche bauen sie das Futter für

Kein Bild aus Südamerika. Breitsameters bauen Sojabohnen an – auf 30 Hektar Ackerland. Deren wertvolle Aminosäuren sind unerlässlich für ausgewogenes Legehennen-Futter.

ihre Hennen an: Soja, Mais, Getreide und Hafer. (Dazu etwas Weizen für einen regionalen Bäcker und Dinkel für eine zehn Kilometer entfernt liegende Mühle.)

Mit Soja erzielen Breitsameters gute Erträge: „Wir bauen auf zirka 30 Hektar an und ernten im Schnitt 30 Doppelzentner pro Hektar." Das entspricht etwa konventionellen Zahlen. Und das bei einer Pflanze, der die wenigsten Bauern überhaupt heimischen Anbauerfolg zutrauen. „Regional gab's früher nichts", erinnert sich Johannes Breitsameter. Bis die Firma Feneberg den Anstoß gab und ihren VonHier-Partnern beim Start half, so dass die Hohleneicher im Jahr 2000 mit dem Anbau begannen. Heute weiß der Soja-Pionier: „Die Bohne wächst überall, wo auch Körnermais gedeiht."

Breitsameters erzeugen rund 80 Prozent des Hühnerfutters selbst: „Da wissen wir, wo's herkommt, und dass nichts verunreinigt ist." Mit einer eigenen, am Hof installierten Anlage mischt die Familie das Futter selbst: mehrmals täglich, stets auf die Hennen abgestimmt. „Die Rezepturen haben wir im Lauf der Jahre entwickelt." So gelingt ihnen im Futteranbau, was mit Sandy (noch) nicht klappt: geschlossene Kreisläufe und größtmögliche Unabhängigkeit. – „Aber eine Zweinutzungsrasse kriegt der Ökolandbau sicher auch noch hin."

Während Johannes Breitsameter erzählt, kommt Sohn Kilian um die Ecke. Hochgewachsen, Anfang 20, grauer Arbeitsoverall. „Ich fahr' noch zur Oma und hol' die Eier." Er nickt den Eltern grüßend zu. Ab diesem Sommer arbeitet er

Ein freistehendes oberschwäbisches Großbauernhaus: 1924 von den Urgroßeltern erbaut und 1995 fast originalgetreu restauriert

in Vollzeit mit, als Landwirt-Geselle. Die Eier, die der Junior jetzt holt, sind von Gittes Eltern: Seit 2003 halten auch sie Biohühner und liefern das Gelege an Tochter und Schwiegersohn. Ein Schwiegersohn, der gerade breit grinst: „Familienunternehmen eben." Dann fügt er in zufriedenem Ton hinzu: „Unsere Tochter ist genauso dabei, sie studiert Landwirtschaft in Weihenstephan." Ebenso der Jüngste, Luca: Er helfe regelmäßig im Betrieb mit und mache gerade eine Ausbildung zum Produktionsmechaniker.

Johannes Breitsameters Blick folgt jetzt dem Transporter, mit dem Kilian über den knirschenden Schotter zur Straße fährt, vorbei am Hofrondell mit dem Hausbaum und einigen Metallkunstwerken in Rostoptik. Hofhund Willy hebt kurz den Kopf und döst dann weiter auf den Eingangsstufen des Bauernhauses. Ein typisch schwäbischer Bau der 1920er-Jahre: zweigeschossig, solide, repräsentativ; ein freistehendes oberschwäbisches Großbauernhaus. „Seit 1872 ist unser Einödhof in Familienbesitz, das Wohnhaus haben die Urgroßeltern 1924 gebaut und wir haben es 1995 fast originalgetreu restauriert." Die Veränderungen, die Johannes' Eltern einst vorgenommen hatten, bauten er und Gitte vollständig zurück. „Das hat einfach nicht gepasst, und wir wollten es gern wieder ursprünglich."

Wenn er so erzählt, kommt leicht die Frage auf, ob dieses Streben nach dem Ursprünglichen und nach Idylle für den gesamten Hof gelte. Immerhin zeigt sich Hohleneich wie eine Insel: eine Oase aus Wiesen, Bäumen, Äckern und Hecken inmitten von Gewerbegebieten und intensiver Landwirtschaft, durchzogen von Kraftfahrstraßen und der sechsspurigen A8. „Na ...!", Breitsameter lacht und winkt ab. Es sei ihm und der Familie wichtig, ökologisch zu arbeiten, ja, aber extra eine „Insel" schaffen ... so weit ginge der Idealismus dann doch nicht. „Ich bin hier aufgewachsen und wir leben hier mit den Kindern. Wir haben den Hof nach unseren Vorstellungen entwickelt und es funktioniert und macht Freude. Mehr wollen wir gar nicht." (FG)

Breitsameter GbR

Hohleneich1, 86453 Dasing (Bayerisch Schwaben)

Bäuerlicher Familienbetrieb – biozertifiziert seit 1999 – Anbauverband: Bioland

Betriebsorganisation

Eiererzeugung, Sortierung, Verpackung und Vermarktung der Eier des eigenen Betriebes und weiterer 9 Zulieferbetriebe
Ackerbau

Landwirtschaftliche Nutzfläche

190 ha überwiegend Ackerland – davon 30 ha Soja
50 ha sind Eigenfläche, der Rest Pachtland

Viehhaltung

12.000 Legehennen und 80 Hähne in 4 Herden
Rasse: Lohmann Sandy, „Bruderhahnmodell“

Gebäude

1 repräsentatives Wohnhaus
4 Hühnerställe mit Wintergarten und großem Auslauf (4,8 ha)
1 großes Wirtschaftsgebäude mit Silos zur Einlagerung des Futters
1 Arbeitsraum zur Sortierung und Abpackung der Eier

Arbeitskräfte

3 Familien-AK, 3 Fremd-AK

Maschinen

3 Schlepper – Pflug und Pflegegeräte für die Ackerbestellung, Sämaschine – auch für die Sojaaussaat, 1 Mähdrescher, Anlagen zum Mahlen und Mischen des Futters wie zur Sortierung und Abpackung der Eier

Energiebereitstellung

Hackschnitzelheizung und Photovoltaikanlage (insgesamt 620 KW)
Abwärme der nachbarschaftlichen Biogasanlage für die Getreidetrocknung

Vermarktung

In der Startphase gingen die Eier nur in das Von-Hier-Programm und an einen weiteren Supermarkt. Jetzt ein Drittel in die Marke VonHier und weitere Belieferung von Supermärkten und Kleinläden

Kurz und wichtig

- Ökologisch arbeiten und mehr Geld verdienen, das waren die Ziele von Johannes Breitsameter, als er 1998 den elterlichen Hof umstellte. Statt weiter konventionell Schweine zu mästen und Kartoffeln anzubauen, halten er und seine Frau Gitte heute 12.000 Bio-Legehennen und bauen das Futter zu 80 Prozent selbst an.
- Die Familie vermarktet die Eier – und die Gelege von mittlerweile neun Partnerbetrieben – direkt an den Handel.
- In gleich mehreren Punkten gilt der Hof als Vorzeigebetrieb: die gute Gesundheit der Hennen, die Vorreiterrolle beim Bruderhahnkonzept und die Pionierarbeit im erfolgreichen, heimischen Anbau von Sojabohnen.
- Wie Breitsameters Landwirtschaft leben, hat nicht nur ihre Kinder bewegt, selbst Landwirte zu werden, es überzeugt auch Nachbarn, Kolleginnen und Kollegen, ebenfalls auf Ökolandbau umzustellen.

Der Herr Huber und seine Erna

Warum der Weg, eine Kartoffel zu retten, manchmal über Spitzbergen führt

Der Herr Huber mag die Erna. Darum hat er ihr das Leben gerettet. Und doch war ihre Beziehung keine einfache.

Aufrecht sitzt er in seinem Büro, die Hände vor sich auf dem Tisch. Wartet entspannt und konzentriert auf die erste Frage.

„Herr Huber, was schätzen Sie so an Erna?“

Ein feines, gewinnendes Lächeln. „Erna ist eine Kartoffelsorte aus der Region, die in den 1970er-Jahren auf den deutschen Markt kam, gut schmeckte und sehr beliebt war. 1990 nahm ihr Züchter sie vom Markt. Über die Gründe kann ich nur spekulieren: Vielleicht war der Anbauumfang zu gering. Es braucht eine gewisse Abnahme, damit es sich lohnt, eine Sorte zu vermehren. Außerdem endet nach dreißig Jahren der Sortenschutz, danach darf jeder Saatgut herstellen.“

„Auch beliebte Kartoffeln verschwinden spätestens nach dreißig Jahren, weil sie wirtschaftlich uninteressant werden?“

Martin Huber schüttelt den Kopf. „Manche Sorten sind zu populär, um sie vom Markt zu nehmen. Linda ist wohl das bekannteste Beispiel: Als das Zuchtunternehmen 2005 die Pflanzgutproduktion einstellen wollte, gab es einen landesweiten Aufschrei, mit dem niemand gerechnet hatte, am wenigsten der Züchter selbst.“ Lindas Marktanteil damals war gering, doch bei Biobauern war die Sorte beliebt. Vor allem aber protestierten die für eine freie Nutzung: Dem Recht des Saatgutherstellers, den Sortenschutz über lange Zeit exklusiv zu nutzen, stehe das Recht der Allgemeinheit gegenüber, die Kartoffel nach Ablauf lizenzfrei anzubauen. Nur wenn Sorten zum öffentlichen Kulturgut würden, sei das staatlich erteilte Monopol zu rechtfertigen, vor allem bei etwas so Grundlegendem wie Lebensmitteln. Ein Ökolandwirt aus der Lüneburger Heide beantragte schließlich Lindas Wiederzulassung. Mehrere Jahre stritt man vor Gericht, am Ende erfolgte eine Neuzulassung durch das Bundessortenamt.

Bayerische
Erna
VON HIER
Bioland

Wunderschöne Blüten – für Huber ein weiterer, wichtiger Zeitpunkt, um nach Erna zu schauen: „Bei Kartoffeln sind Sie immer im engen Kontakt mit den Pflanzen, Sie leiden mit und freuen sich, wenn es ihnen gut geht."

Auch Erna und Martin Huber standen nach langen gemeinsamen Jahren vor dem Aus. Auch hier war es der Züchter, der das jähe Ende verfügte. „Wobei ich nicht in Jammern und Wehklagen verfallen möchte", erklärt Huber, „die Abhängigkeit ist nicht einseitig, die Züchter brauchen auch uns Bauern. Natürlich sind sie in einer etwas besseren Position, auf der anderen Seite tragen sie ein nicht unerhebliches Risiko, denn sie investieren viel in die Entwicklung einer Sorte und wissen nie, ob sie sich am Markt durchsetzt."

Gleichwohl schmerzte ihn der Verlust. Eine Weile lässt sich eine Sorte durch Erhaltungszucht aus eigener Ernte noch am Leben halten, zwei, drei Jahre, vielleicht vier. Allerdings wird das Pflanzgut immer anfälliger für Krankheiten. Ernas Dahinsiechen war abzusehen, ihr Tod gewiss … Huber litt. Fragte sich: Warum sie? Sie, die so gut schmeckte, robust war gegenüber jeder Witterung, ertragreich und beliebt, sie, die regelmäßig seinen Umsatz steigerte, kurz: die alles mitbrachte, was wahre Liebe braucht – warum sollte ausgerechnet sie, Erna, aus seinem Leben verschwinden?

Was konnte er tun?

Er grübelte und brütete.

Und beschloss, tapfer zu sein. Versuchte sich zu trösten, mit Nicola und Désirée, mit Granola, Christa und Aula, sie alle hatten unbestritten ihre Qualitäten, waren attraktiv, wohl gerundet, frühreif, süß oder eine wahre Alleskönnerin in der Küche. Und doch … sie waren nicht wie Erna. So strahlend und erhaben, so zart und appetitlich.

Die Jahre vergingen, Huber lebte weiter, ohne Erna. Doch nie verließ ihn die leuchtende Erinnerung an sie. Und dann fasste er eines Tages einen Entschluss.

Auf der Insel Spitzbergen in der Arktis befindet sich, hineingetrieben ins Innere eines Felsens, die weltgrößte Genbank. Ein langer Tunnel führt zu unterirdischen Tresorräumen, in denen Saatgutproben der wichtigsten Nutzpflanzen der Welt lagern: Weizen, Reis, Mais, Äpfel, Maniok, Bohnen, Weidegras, Kartoffeln … Ein gigantischer Genpool im Permafrost. Ein Schatz und ein gewaltiges Back-up zudem, denn alle Proben sind Kopien aus nationalen Genbanken; allein die deutsche Genbank schickte mehrere tausend Proben. Und weil, wer ein begründetes Interesse nachweist – Anbau, Weiterzüchtung –, in Genbanken Saatgut bestellen kann, und weil der Herr Huber ein begründetes Interesse hatte, denn längst verzehrte nicht nur er, sondern auch seine Kundschaft sich nach Erna, tat er genau das: Er schrieb an die deutsche IPK-Genbank, Abteilung Kartoffelsortimente, 18190 Groß Lüsewitz. „Ich bekam eine Handvoll Knollen, aus denen ich eine neue Population aufbauen konnte."

Glücklich reist Huber mit dem kostbaren Gut nach Schottland, zu Andrew Skea, einer Koryphäe in Sachen Wiederbelebungs- und Erhaltungszucht. Ihm vertraut er seine Erna an – doch es sollen weitere vier Jahre vergehen, bis er sie endlich nach Hause bringen kann. Jahre, in denen Skea und sein Team aus den wenigen Knollen neue züchten, aus diesen wieder neue, aus diesen wieder neue. Kartoffelsorten aus Genbanken sind oft mit Viren und anderen Erregern belastet, und darum müssen die Experten das Pflanzgut zum Austreiben bringen, die Triebe in Stücke schneiden, diese auf einem Nährmedium anziehen, sie müssen in vitro wieder und wieder und so lange vermehren, bis aus den ursprünglichen Knollen gesunde Pflanzkartoffeln hervorgehen. Und die müssen sie wieder und wieder und so lange vermehren, bis sie zahlreich genug sind, um ausgebracht zu werden.

Der Herr Huber und die Erna: Es ist nicht einfach – aber auch nicht unmöglich …

Martin Huber faltet die Hände vor sich auf dem Tisch und lächelt. „Wirklich riskant", sagt er und in seiner Stimme schwingt eine Spannung, die gar nicht zu seinem Lächeln passt, „wirklich riskant wurde es mit der Aussaat: Ich hatte

20.000 Pflanzkartoffeln, doch um einen einzigen Hektar Kartoffeln anzubauen, brauche ich 40.000. Und dann hängt eine gute Ernte von vielen Faktoren ab, die ich nicht alle steuern kann: Pflanzgut, Düngung, Böden, Schädlingsbefall, Witterung.“

2014 baut Huber also eine kleine Menge Erna an.

2015 etwas mehr.

2016 noch etwas mehr.

Im zweiten und dritten Jahr ist das Wetter schlecht, die Ernte gering: Rund zwanzig Jahre nach ihrem Verschwinden kommt Erna wieder in den Handel – und ist nach vier Wochen ausverkauft. VonHier hatte die Wiederbelebung unterstützt, die Bewahrung alter Sorten und Anbaumethoden ist Teil der Markenphilosophie. In den Märkten wurde Erna angekündigt – die KundInnen sind neugierig, warten, freuen sich. Entschuldigend zuckt Huber mit den Schultern. „Erst 2017 hatten wir ausreichend Pflanzgut und konnten fünf Hektar anbauen.“ Und wieder ein feines Lachen. „Wie es aussieht, wird die Ernte diesmal gut. Wir rechnen mit 150 Tonnen Kartoffeln.“

Erna … gerettet!

Ein Drama mit Happy End.

Huber neigt den Kopf ein wenig und sagt, angenehm bescheiden, dass eine Sorte ja im Prinzip gerettet sei, solange sie in Genbanken lagere. Allerdings darf sie ihre Keimfähigkeit nicht verlieren. Sie muss angebaut werden, um sich an veränderte Klimabedingungen anzupassen. Alte Sorten auch wieder in den Handel zu bringen, erfordert dann nicht weniger als den langen Weg, den Martin Huber gegangen ist. Wobei das Faible für Zucht und Forschung wohl in der Familie liegt. Sein Großvater war Maschinenbauingenieur, gab den Beruf aber auf, um Hühner zu züchten. Er tüftelte und experimentierte. Er konstruierte einen Apparat, um bereits im Ei zu erkennen, ob Küken männlich oder weiblich sind. Er probierte verschiedene Haltungssysteme aus und dachte über Fußbodenheizungen in Hühnerställen nach. Heute finden auf dem Huber-Hof vor allem Forschungsprojekte zur Sortenentwicklung statt. In Kooperation mit der Bayerischen Landesanstalt für Landwirtschaft, dem Wissenschaftszentrum Weihenstephan, dem Julius-Kühn-Institut und dem

Geerntet, geprüft, sortiert und kommissioniert: Die Infrastruktur am Hof ermöglicht, dass die Kartoffeln wohlbehalten und zeitgerecht ihren Bestimmungsort erreichen

Bioland-Verband werden Bodenbearbeitungsmethoden erforscht, die die Widerstandsfähigkeit der Pflanzen erhöhen; werden krautfäuleresistente Sorten in Anbauversuchen getestet; werden Auswirkungen verschiedener Landbauformen auf das Klima untersucht. Denn dass es heute weltweit über fünftausend Kartoffelsorten gibt und ständig neue hinzukommen, hilft wenig, weil noch immer nur wenige resistent sind gegen die gefürchtete Krautfäule. „Züchtungsarbeit ist ein fortlaufender Prozess und gehört zwingend zur Landwirtschaft. Das ist vielen nicht bewusst. Wir ernten heute beispielsweise zehnmal mehr Weizen als vor hundert Jahren – und das liegt vor allem am besseren Saatgut, weniger am Düngereinsatz und noch weniger an moderner Technik."

Ernas Wiederbelebung ist ein Gewinn, weil Martin Huber und VonHier sie biologisch anbauen und dauerhaft und exklusiv vermarkten können. So wirkt nicht nur die Produktion, sondern auch das Marketing nachhaltig. „Es ist zudem nachhaltig, Kartoffeln anzubauen, die schmecken. Das große Dilemma der Kartoffelwirtschaft ist, dass Geschmack kaum noch eine Rolle spielt, nur das Aussehen zählt. Die Leute essen also immer weniger Kartoffeln, weil sie immer öfter erleben: schmeckt nach nix. Als Biobauer ernte ich nur etwa sechzig Prozent des Ertrags eines konventionellen Landwirts, doch ich setze statt auf Masse auf Geschmack. Und Schäden durch Pestizide an Pflanze, Mensch und Tier in Kauf zu nehmen, ist auch nicht gerade zukunftsweisend." Das sagt einer, der mit der grün-alternativen Bewegung der späten 1970er-Jahre groß wurde. Der, als er 1981 auf dem Hof seiner Eltern einstieg, ihn Schritt für Schritt zum Biokartoffelbetrieb umbaute, noch jeden Biobauern in Oberbayern persönlich kannte.

„Herr Huber, sind Biokartoffeln tatsächlich gesünder als konventionelle?"

„Ich behaupte das. Es gibt auch wissenschaftliche Belege dafür, beispielsweise die Metastudie von Carlo Leifert von 2014. Ich bin nicht immer ein Freund von Metastudien, doch die immense Vielzahl der Untersuchungen, die das international besetzte Forscherteam auswertete, macht die Ergebnisse aussagekräftig. So sind Biolebensmittel gesünder, weil sie deutlich mehr Antioxidantien und deutlich weniger

In vitro-Kultur der Kulturkartoffeln an der Deutschen Genbank in Gatersleben (Sachsen-Anhalt), Außenstelle Groß Lüsewitz. Die Experten von dort halfen Martin Huber bei der Wiederbelebung von Erna.

Schwermetalle und Pestizide enthalten. Das wiederum erstaunt nicht: Im konventionellen Kartoffelanbau werden schon die Pflanzknollen mit Fungiziden und Pestiziden behandelt. Später werden Herbizide auf den Feldern ausgebracht, verschiedene Wirkstoffe gegen Krautfäule eingesetzt, Keimhemmungsmittel gespritzt. Und damit die Kartoffeln im Lager nicht keimen, werden sie noch mit Lagerschutzmitteln behandelt."

„Klingt, als müsste tot umfallen, wer eine konventionelle Kartoffel isst."

„Es gibt Untersuchungen, die sagen, der Einsatz der Mittel sei ungefährlich. Und es gibt Studien, die die Gefahren beschreiben, die damit verknüpft sind. Als Praktiker überzeugt mich einfach die Logik des ökologischen Wirtschaftens."

„Und was reizt Sie an Kartoffeln?"

Stille.

„Ackerbau war schon immer meine Leidenschaft. Ich finde es spannend, aus einer Knolle zehn, zwanzig neue entstehen zu lassen." Ein kurzes Zögern, ein fragender Blick. „Verstehen Sie das?" Ein tiefes Luftholen. „Kartoffeln brauchen viel mehr Pflege als Getreide. Sie häufeln Erde an, striegeln ab, häufeln wieder an. Sie schauen ständig, wie es den Pflanzen geht, prüfen die Blätter, ihre Farbe – fehlen vielleicht noch Spurenelemente? Jeder Mangel hat ein anderes Symptom. Ich arbeite mit erfahrenen Beratern zusammen, ein Freund, Christian Landzettel, ist der wohl profundeste Berater in Sachen Biokartoffeln in ganz Europa, der ist völlig besessen von Kartoffeln." Zwei leuchtende Augen; Hubers Besessenheit kann nur unwesentlich kleiner sein. „Bei Kartoffeln sind Sie immer im engen Kontakt mit den Pflanzen, Sie leiden mit und freuen sich, wenn es ihnen gut geht."

„Sie würden also, wenn Sie morgen noch einmal neu anfangen könnten, alles wieder so machen?"

Kein Zögern. „Ja, weil Biokartoffelanbau einfach spannend ist. Und die Bodenbearbeitung im Ökolandbau – wussten Sie, dass sich in einem Gramm fruchtbaren Ackerbodens über fünf Milliarden Lebewesen tummeln? Und ich habe Freiheiten, die ich als Arbeitnehmer nie hätte. Jeden Tag kann ich sagen: Ich mache Dinge anders. Ich probiere mal dies und das."

„Ich akzeptiere nicht, dass man mir meine geschätzte Kartoffelsorte nimmt ..."

Ein gewinnendes Lachen. „Es ist schön, eine Sorte zu haben, die nur wir anbauen. Ein eigenes Projekt, das mit unserem Hof verbunden ist."

Und so ist Herrn Hubers Liebe zu Erna zwar nicht immer einfach gewesen – aber am Ende doch sehr beglückend. (SE)

Kurz und wichtig

- 1990 endete der Sortenschutz und die beliebte Kartoffelsorte Erna wurde vom Markt genommen. Rund zwanzig Jahre später beleben der Biokartoffelpionier Martin Huber und VonHier Erna wieder und bringen sie in einem aufwendigen Prozess wieder in die Läden.
- Zwar gibt es aktuell weltweit mehr als fünftausend Kartoffelsorten, doch nur wenige Sorten sind resistent gegenüber der gefürchteten Krautfäule. Diese Sorten sind vor allem für Biobauern bedeutsam, weil sie keine chemisch-synthetischen Düngemittel und Pestizide einsetzen.
- Weil sie schmeckt und gefragt ist, wird Erna dauerhaft angebaut. So ist sie nicht nur in der Herstellung, sondern auch im Marketing nachhaltig.
- Züchtungsarbeit begreift Martin Huber als fortlaufenden Prozess, der zwingend zur Landwirtschaft dazugehört. Darum finden auf seinem Hof regelmäßig Forschungsprojekte statt: zu Bodenbearbeitungsmethoden, die die Widerstandsfähigkeit der Pflanzen erhöhen, zu krautfäuleresistenten Sorten, zur Auswirkung verschiedener Landbauformen auf das Klima.

Martin Huber

Kirchplatz 7, 82269 Walleshausen (Oberbayern)

Familienbetrieb mit gewerblicher Verarbeitung (Abpackung und Vermarktung von Speisekartoffeln) – biozertifiziert seit 1981 – Anbauverband: Bioland

Betriebsorganisation

Ackerbau, Aufbereitung und Verpackung von Speisekartoffeln
Sortierung und Verpackung für zwei weitere Kartoffelanbauer in der Region
Besonderheit: Wieder-in-Marktbringung der traditionellen Kartoffelsorte Erna, in enger Zusammenarbeit mit der internationalen Genbank in Spitzbergen sowie der deutschen Genbank in Groß Lüsewitz/Gatersleben

Landwirtschaftliche Nutzfläche

90 ha, davon 3 ha Wiesen, insgesamt 70 ha in Pacht
Fruchtfolge: Kleegras-Wintergerste-Kartoffeln-Dinkel
Beteiligung an einer Biogasanlage, Gärrest zur organischen Düngung

Gebäude

Bäuerliche Hofstelle
Integriert im Wirtschaftsteil: Anlagen zur Sortierung und Verpackung von Speisekartoffeln
Neubau von 2 Lagerhallen (in Holzständerbauweise) zur Lagerung der Kartoffeln (1.000 t Kartoffeln können aktiv gekühlt werden)

Arbeitskräfte

1 Familien-AK, 5 ständige Mitarbeiter, davon 2 in Teilzeit, außerdem Saison-Erntehelfer

Maschinen

2 Schlepper (130/110 PS), 1 Kartoffelvollernter (2-reihig), die üblichen Ackerbaugeräte (alles unter Pflug), Mähdrusch durch Lohnunternehmer

Energiebereitstellung

Photovoltaik 80 kWh
Anteil Biogasanlage

Vermarktung

Seit 1992 Zusammenarbeit mit VonHier
Belieferung der Marke VonHier und des regionalen Naturkosthandels
Getreidelieferung an die Vermarktungsgesellschaft Bio-Bauern mbH

Eine Win-win-win-Situation

Wie VonHier eine Bilderbuchmühle am Leben erhält

Zylinder, Kolben, Walzen. Tanks und Turbinen. Ein Elevator und ein Aspirateur. Und Rohre, unendlich viele Rohre, in zahllosen Steckverbindungen führen sie hinauf und hinunter, von der ersten in die zweite, von der vierten in die dritte Etage, und dazu beständiges Dröhnen wie im Bauch eines Dampfschiffs und auf dem Rohrboden vibrieren die Dielen unter dem steten Rütteln und Rumpeln der Kleieschleuder. Kein sanftes Rauschen, nirgends.

Kein lauschiges Klappern am rauschenden Bach, wie 1413. „1413 wurde die Mühle zum ersten Mal urkundlich erwähnt, und seither ist sie im Besitz meiner Familie." Ein gewisser Stolz ist Alexander Engelhard anzumerken. „Im Erdgeschoss stand bis vor Kurzem eine Eichensäule mit Einschusslöchern aus dem Dreißigjährigen Krieg. Und ein Mahlgangaufsatz von 1789 mit eingeschnitzter Hostie zeugt vom Privileg meiner Ahnen, Hostienmehl zu mahlen."

Ganz schön viel ehrwürdige Geschichte. Dabei steckt das Denkmal voller Hightech. Engelhards Großvater hatte die Mühle 1949 modernisiert (und um die Kosten aufzubringen zwei Zuchthengste verkauft, was ihm so schwer fiel, dass er nicht zu Hause war, als der Käufer die Pferde holte). Engelhards Vater modernisierte 1971 (und rettete so den Betrieb durch das große Mühlensterben). 2014 investierte Alexander Engelhard, Müller in der vermutlich fünfundzwanzigsten Generation und Wirtschaftsingenieur, über eine Million Euro – erneuerte Vermahlung, Lagerung und Förderung, ersetzte alle Holz- durch Edelstahlrohre und installierte Maschinen, die ohne eine einzige Ritze, Nische, Fuge konstruiert wurden, um noch die allerletzte Möglichkeit auszuschließen, dass sich irgendwo ein Schädling hält. „Das Treppenhaus und die Mehlsilos sind aber noch aus Holz. Die Mühle ist technologisch up to date und hat ihren Charme trotzdem nicht verloren."

Dass die Traditionsmühle in Attenhofen sechshundert Jahre nach ihrer Gründung die größte Biogetreidemühle und einer der ältesten Familienbetriebe in ganz Schwaben ist, liegt allerdings auch daran, dass Engelhard eine zukunftsweisende Entscheidung traf. „Als ich auf bio umgestellt habe, hatte ich keine idealistischen Gründe. Ich wollte einfach unsere Mühle erhalten."

Glück zu!
Wer dieses Erbe auch tritt an Gott bitt er, daß ers halten kann

50 Kilometer entfernt in Horgau liegt die Hauptstraße in mittäglicher Ruhe. Ein paar Hühner laufen gackernd über den Mayr-Hof, Tomatenstauden glänzen in der Sonne, auf den Koppeln grasen Pferde. „Ich mag die Landwirtschaft", sagt Christine Mayr-Steer, „immer schon."

Sie ist auf dem Hof aufgewachsen. Ihr Vater arbeitete bei der BayWa, die Mutter hatte eine Poststelle, doch der Bruder des Vaters und seine Frau hielten Kühe, Schweine, Hühner, bauten Kartoffeln an. „Unsere Milch kam direkt aus dem Stall, die Kartoffeln waren vom eigenen Acker und einmal im Jahr wurden zwei Schweine geschlachtet. Beim Schlachten wollte ich nicht dabei sein, aber bei allem anderen habe ich meiner Tante und meinem Onkel geholfen, in jeder freien Minute. Ich kenne viele, die auf einem Hof groß wurden und bloß weg wollten, weil sie so viel arbeiten mussten. Ich dagegen *durfte* arbeiten."

Der Onkel und die Tante hatten keine Kinder und wünschten sich, als sie in Rente gingen, dass jemand den Hof weiterführte. „Meine Geschwister und Cousins haben alle abgewunken." Mayr-Steer lacht. Sie selbst studierte damals Landbau in Weihenstephan. Arbeitete später am Lehrstuhl für Pflanzenbau, heiratete, bekam ihr erstes Kind. „Als ich mit meiner Familie nach Horgau zurückkehrte, hatte mein Onkel das meiste Land verpachtet. Mein Mann und ich übernahmen ein Feld. Er war Lehrer im Hauptberuf, ich kümmerte mich um unsere Tochter und fing an, Kartoffeln anzubauen. Ich hacke so gern. Ich liebe es, vor mich hin zu arbeiten und meinen Gedanken nachzuhängen. In der Hackzeit nehme ich mir nie etwas vor." In ihrem Gesicht leuchtende Freude – als habe ihr eben jemand ein Geschenk gemacht. „Nach und nach wurden es dann mehr Felder, die ersten Pferde kamen, die Pensionspferde, die Milchschafe, sie vermehrten sich …" Christine Mayr-Steer zuckt mit den Schultern. „So ist der Hof gewachsen." Bloß als ihr Mann Schweine wollte, streikte sie, erklärte: Nur, wenn du sie schlachtest!

Von Anfang an wirtschafteten die Mayr-Steers ökologisch. „Ich war wohl schon als Kind eine Grüne. Ich mochte die Natur, ich mochte Tiere. Eine andere Tante, die mit uns auf

Hightech und Historisches: 2014, nach gut 600 Jahren Mühlengeschichte, investierte Alexander Engelhard, um alles auf den neuesten Stand zu bringen

dem Hof lebte, kaufte im Reformhaus ein und arbeitete beim Bund für Umwelt und Naturschutz mit, auch sie hat mich geprägt. Als ich anfing zu studieren, war Ökolandbau allerdings kein Thema. Damals gab es keine Bioszene, die ersten Leute fingen gerade an, Getreide zu mahlen und eigenes Brot zu backen." Viele Jahre baute die Familie Biokartoffeln und Biogetreide an: Roggen, Weizen, Urdinkel, manchmal auch Hafer. „Wir hatten einen Fendt Geräteträger, den mein Onkel gekauft hatte. Einmannsystem, 19 PS, sechs Stundenkilometer und un-ver-wüst-lich. Was habe ich diesen Traktor geliebt! An den haben wir alle Hack- und Häufelgeräte gehängt, Lege- und Sämaschine, den Roder." Doch Spurbreiten und Reihenabstände änderten sich. Alte Kipper wurden zu klein für wachsende Ernten. Eine Zeit lang verkaufte Christine Mayr-Steer Biogemüse auf Märkten, aber mit dem Angebot der Supermärkte konnte sie nicht konkurrieren. Und ihre Schafmilch durfte sie nur verkaufen, wenn sie eine Kühlkette garantierte. Um Investitionen in Kühlanlagen, Kipper, Traktoren zu erwirtschaften, war der Hof aber zu klein. „Inzwischen hatten wir ein zweites Kind bekommen und wollten auch mal verreisen. So sehr ich die Landwirtschaft mag, ich wollte auch mal fortkönnen."

Dass der Mayr-Hof heute so idyllisch daliegt, liegt auch daran, dass ein paar Landwirte in der Nachbarschaft eine zukunftsweisende Idee hatten – und eine Erzeugergemeinschaft für Getreidebauern gründeten.

Historische Details mal offensichtlich, mal versteckt. Sie machen den Charme der Mühle aus – beeinflussen aber nicht ihre Wirtschaftlichkeit.

Trieur. Walzenstühle. Plansichter. Wenn Alexander Engelhard morgens die Mühle betritt, fährt er die digitale Steuerung hoch. Später wiegt er Roggen, Weizen, Dinkel, manchmal Emmer oder Einkorn. Prüft die Qualität. Befördert das Getreide mit dem Elevator hinauf in den vierten Stock. Befördert es über ein Fallsystem durch diverse Reinigungsmaschinen – Aspirateur, Trieur – wieder hinunter, lässt es sieben, entstauben, abtrennen, scheuern, bürsten und polieren. Befördert es erneut nach oben, um es mit Wasser zu befeuchten, bevor er es mahlt und siebt und mahlt und siebt und mahlt und siebt. Achtundzwanzig Arbeitsgänge durchläuft ein Korn, bis es Mehl ist.

Sein Getreide kauft Engelhard über die Vermarktungsgesellschaft Bio-Bauern mbH. Aus den paar Getreidebauern, die sich vor zwanzig Jahren zusammentaten, ist eine Gemeinschaft von sechsundfünfzig geworden, die seit 2011 mit der Vermarktungsgesellschaft als Dienstleister zusammenarbeiten: Sie erfasst, bündelt und vermarktet selbst kleinste Mengen an Getreide, Hülsenfrüchten, Kartoffeln, Zwiebeln, Saatgut, kümmert sich um Qualitätsprüfung, Lagerung, Trocknung, Disposition, Logistik, Abwicklung. Insgesamt gehören den Bio-Bauern rund tausend Landwirte in ganz Bayern an, Kleinst- wie Groß-, Haupt- wie Nebenerwerbsbetriebe (auch die im Buch vorgestellten Betriebe Spengler und Huber). Die Engelhardmühle bezieht ihr Korn jedoch ausschließlich von jenen sechsundfünfzig Getreidebauern der VonHier-Liefergruppe, die alle nach den Regeln des VH-Netzwerks arbeiten. „Als Müller habe ich so die Garantie, jederzeit genau die Menge hochwertigen Biogetreides zu bekommen, die ich brauche, ohne dass ich mit jedem Bauern einzeln verhandeln muss."

Weil eine sorgfältige Trennung von Bio- und konventionellem Mehl sehr aufwendig ist, beschloss Alexander Engelhard 2013, fortan nur noch Biomehl für VonHier zu mahlen,

Über fünf Stockwerke erstreckt sich das Mühleninnere: Rohre und Trichter, Holzbalken und Mahlapparate. Doch alles ist sorgfältig geplant, sogar digital gesteuert. 48 Arbeitsgänge durchläuft ein Korn, bis es Mehl wird und Mühleninhaber Alexander Engelhard hat alles im Griff.

abzupacken und auszuliefern. „Das war eine Chance – und eine Herausforderung.“ Er lacht. „500.000 Kilo Mehl im Jahr, wovon der Großteil an die VonHier-Bäckerei geht und der Rest in Kilotüten an die Supermärkte der Firma Feneberg: 75.000 Tüten Dinkelmehl, 43.000 Tüten Weizenmehl, 7.500 Tüten Roggenmehl. Zu viel, um es per Hand abzufüllen – und ein Witz für jede Abfüllanlage. Die kleinste Maschine schafft 1.000 Tüten pro Stunde. Die läuft bei mir gerade mal drei Wochen im Jahr!“ Engelhard blinzelt – der Kontrast amüsiert ihn heute noch. Dann schüttelt er den Kopf. Die meisten Mühlen, erklärt er, seien längst zu groß für kleine Chargen. Die wollten den Auftrag auch gar nicht annehmen. „Es ist kurios, dass ein Auftraggeber mit fast achtzig Supermärkten ‚zu klein‘ ist. Die Macht der Konzerne ist ungeheuer und alles, was kein Konzern ist, ist irgendwann ‚zu klein‘ und bleibt auf der Strecke.“

Er kaufte schließlich eine gebrauchte Anlage (auch weil man ihm zusagte, die Investition bei der Preisgestaltung zu berücksichtigen). Sie kostete so viel wie ein Einfamilienhaus. Und steht die meiste Zeit des Jahres herum. „In einer börsennotierten Aktiengesellschaft hätte man anders entschieden. Aber ich muss mich nicht täglich am Shareholder-Value orientieren.“ Sagt's, lacht, zuckt mit den Schultern und steigt auf den Walzenboden. Maschinen lärmen, es knirscht, knistert, knackt. Er öffnet eine Klappe – im Inneren drehen sich Walzen, glatte und geriffelte, in gegenläufigen Bewegungen und unterschiedlichen Geschwindigkeiten. „Würden sie sich im selben Tempo bewegen, würden sie das Korn zusammendrücken, statt es zu mahlen.“ Zwölf Mahlgänge durchläuft das Getreide, jedes Mal werden die Mahlspalten enger. Zwei Stockwerke höher dröhnt eine andere Maschine. „Im Plansichter stecken fast hundert Siebe. Ihre Löcher werden von oben nach unten feiner, hier sind sie einen Millimeter auf einen Millimeter, ganz unten 0,14 auf 0,14 Millimeter.“ Engelhard zieht ein Sieb heraus – es ist so fein, dass man keine Löcher sieht. „Früher waren die Siebe aus echter Seide, heute nimmt man Kunstseide. Am Ende kommt da nur noch allerfeinstes Mehl durch. Keine Kornreste, nichts.“

„Keine Insekten? Sind Mäuse und Insekten in Mühlen nicht immer eine Herausforderung?“

Alexander Engelhard lächelt milde. „Das war einmal. Durch unsere Umbauten und umfangreiche Hygienemaßnahmen ist das Geschichte. Außerdem …" Er betrachtet das Sieb.
„Wie sollten Insekten durch 0,14 Millimeter große Löcher rutschen?" Ein entschiedenes Kopfschütteln. „Nein, wenn Sie eine halbe Stunde Fahrrad fahren, schlucken Sie mehr Fliegen."

Jeden Samstag fährt Engelhard alle Maschinen herunter und ein Mitarbeiter saugt die gesamte Mühle, vom Dachboden bis in den Turbinenraum, acht Stunden lang. „Schon wegen der Schädlingsbekämpfung würde ich nicht mehr in einer konventionellen Mühle arbeiten wollen. Dort wird das ganze Gebäude benebelt, später setzen dann auch die Bäckereien und der Handel chemische Schädlingsbekämpfungsmittel ein. Daran stirbt man nicht. Aber das Gift summiert sich. Ich sagte vorhin, bei der Umstellung hätte ich keine ideologischen Gründe gehabt – aber je länger ich biologisch arbeite, desto überzeugter bin ich. Weil ich weiß, was ich nicht mehr darf, was andere aber tun. Und weil ich weiß, was für wirksame Alternativen es gibt."

Während die Mühle stillsteht, wird der Müller dann zum Eventmanager: In seiner Mühlentenne richtet er Hochzeiten und andere Feste aus. „Haben Sie keine Hobbys, Herr Engelhard?"

„Brauch ich nicht." Alexander Engelhard lacht. Und scheint sich wirklich zu freuen.

„Sie freuen sich, achtzig bis hundert Stunden in der Woche zu arbeiten?"

„Ich kann mir die Arbeit selbst einteilen und habe, wann immer ich will, Zeit für meine Familie. Außerdem läuft die Mühle auch ohne mich, gibt es ein Problem, bleibt sie sofort stehen. Aber vor allem …" Er macht eine Pause, holt Luft. „Vor allem ist es schön, eine solche Bilderbuchmühle am Leben halten zu können."

Dass das möglich ist, hat am Ende einen eigentlich simplen Grund: Er kaufe beste Rohstoffe und produziere hochwertiges Mehl. Dafür bekomme er einen angemessenen Preis. Dieser Preis wiederum sei am Markt durchzusetzen, weil die Kunden auch bereit seien, für ökologisch erzeugte Lebensmittel höhere Preise zu bezahlen. „Das Gute am regionalen Modell ist ja, dass ich als Verbraucher mitentscheiden kann, ob in meiner Nachbarschaft chemische Substanzen oder gentechnisch veränderte Pflanzen ausgebracht werden. Indem ich regionale Bioprodukte kaufe, fördere ich eine nachhaltige Landwirtschaft. Das funktioniert keineswegs nur bei uns – ein Modell wie VonHier funktioniert überall, wo Menschen zusammenhalten und Produkte kaufen, die Bauern in der Nachbarschaft unterstützen und die Kulturlandschaft vor Ort pflegen. Natürlich muss nachvollziehbar sein, dass sie wirklich regional und bio sind. Unterm Strich wird dabei keiner reich, aber alle können leben. Ich kann auch Rücklagen bilden und wieder in meine Mühle investieren. Nur so kann ich schließlich auf Dauer bestes Mehl erzeugen." Alexander Engelhard lehnt sich zurück, faltet die Hände vor sich auf den Tisch. „Wer nicht modernisiert, bleibt auf der Strecke, und das zu Recht."

„Sie sind, so scheint's, kein ängstlicher Mensch, Herr Engelhard?"

Ein herzliches Lachen. „Nein, ich bin wohl eher ein Glückskind. Und manches …" Das Lachen wird leiser. Ein kurzes Innehalten. „Manches ist auch einfach Gottes Fügung."

Im nächsten Augenblick ein erneutes verschmitztes Zwinkern. „Mein Problem", sagt Alexander Engelhard, „ist eher, dass mir langweilig wird, wenn etwas richtig gut funktioniert."

In Horgau sitzt Christine Mayr-Steer am Küchentisch, ein bisschen aus der Puste, eben hat sie noch Kartoffeln verladen. „Früher haben wir viel ab Hof verkauft, aber mit dem Aufkommen der Supermärkte ließ das nach. Später kauften die Leute Getreide, um Brot zu backen, aber auch das ließ nach, irgendwann gingen alle wieder zum Bäcker. Ohne die Erzeugergemeinschaft der Getreidebauern und die Vermarktungsgesellschaft Bio-Bauern wäre es schwierig geworden."

So unterschiedlich die Bauern der Gemeinschaft sind, so froh sind alle, endlich eine Wertschöpfung zu erzielen, die sie einzeln einfach nicht erwirtschaften können. Selbst Kleinbauern beliefern heute große Abnehmer (denn ihre Ware geht in einen Pool, aus dem geliefert wird). Alle erzielen bessere Preise (denn gemeinsam sind sie stärker). Alle erzielen denselben Preis, wer weniger Fläche hat, muss sich nicht mehr mit schlechteren Preisen zufriedengeben. Alle haben eine Preisgarantie und diese Entkopplung von der Volatilität der Märkte gibt ihnen Planungssicherheit. VonHier als einer der Abnehmer definiert regional klar als Hundertkilometerradius um den Firmensitz und zahlt darum einen Regionalzuschlag. So haben am Ende auch kleinste Höfe wieder eine Zukunft, Arbeitsplätze werden gesichert, Dörfer bleiben lebendig. Aus einer ökologischen wird auch eine soziale Landwirtschaft.

„Eigentlich ist es gar nicht so wichtig, ob ein Hof klein oder groß ist." Christine Mayr-Steer steht auf, nimmt einen Kaffeekocher, öffnet den Wasserhahn. „Entscheidend ist die Vielfalt. Als Kind war ich oft bei Verwandten, die hatten

Christine Mayr-Steer ist eine überzeugte Kleinbäuerin – hier in ihrem Gemüsegarten. Das am Betrieb erzeugte Biogetreide liefert sie – wie weitere 56 Ackerbauern – über die Erzeugergemeinschaft Biobauern an die Engelhardmühle.

einen tollen Hof mit Ackerbau und Schweinen, Hühnern und Enten, mit Kühen, um die sich eigens ein Schweizer kümmerte. Und sie hatten ein Sägewerk. Irgendwann wurden alle Tiere abgeschafft und man investierte nur noch ins Sägewerk. Aber es gab andere Sägewerke, die größer waren, mit denen man trotzdem nicht konkurrieren konnte. Das ist schon eine traurige Entwicklung – und ein deutschlandweites, ja: ein europaweites Problem." Sie lehnt neben dem Herd, zieht die Strickjacke fester um ihre Schultern. Nein, versichert sie, sie wolle kein Ideal beschwören, auch nichts romantisieren. Doch mit dem Sterben der Kleinen gehe mehr verloren als ein Hof. „Wir verlieren ein Stück Lebensqualität. Bei uns wurde damals nicht nur gemeinsam gearbeitet, sondern gelebt. Mittags kochten meine ledigen Tanten und alle aßen gemeinsam. Nachmittags, bevor die beiden in den Stall gingen, gab es Kaffee und Kuchen, darauf konnte man sich verlassen. Mit den anderen Bauern im Dorf haben wir Patrozinium St. Martin gefeiert, Fronleichnam, die Fahrzeugweihe, bei der alle Traktoren geschmückt zur Kirche fuhren. In dieser Welt, dieser Ordnung, habe ich mich geborgen und zu Hause gefühlt. Mit jedem Hof, der aufgibt, geht auch ein Stück Gemeinschaft verloren."

Es gibt noch einen dritten Grund, warum es in unser aller Interesse ist, dass Kleine neben Großen bestehen: Landwirte, die statt profitablem Weizen alte Sorten wie Einkorn oder Emmer anbauen, pflegen Kulturpflanzen und Landschaften. Bauern, die um Bäume herumfahren, statt sie zu fällen, schaffen ökologische Inseln für Pflanzen und Tiere. Wenn eine Nebenerwerbslandwirtin wie Christine Mayr-Steer nicht zum ökonomisch sinnvollsten Zeitpunkt mäht, sondern Rücksicht auf brütende Vögel oder Insekten nimmt, sichert sie die Artenvielfalt. „Wir können es uns leisten, wir haben das Gehalt meines Mannes. Natürlich sind schwarze Zahlen in der Landwirtschaft wichtig. Aber sie sind auch nicht alles, Ökonomie ist nicht alles. Auch die Natur ist wichtig, auch die Kleinbauern sind wichtig. Natur ist Leben, Natur ist Zukunft. Ich habe Kinder, ich habe Enkelkinder …" In ihrem Gesicht liegt leiser Aufruhr, doch in ihrer Stimme schwingt etwas anderes – ein Gefühl von Erfüllung?

Die Kapelle rechts gehört zur Mühle wie der christliche Glaube zu Engelhards: Im Jahr 1789 bekamen die Ahnen das Privileg, Hostienmehl zu mahlen, und noch heute lautet ein Leitsatz „Manches ist auch Gottes Fügung".

Sie zieht einen Stuhl heran, setzt sich wieder. Überlegt einen Moment und sagt: „Unsere gesamte Landwirtschaft stünde anders da, würden wir mehr auf Qualität setzen. Auf dem Weltmarkt können nur die mithalten, die möglichst billig produzieren. Wer billig produziert, muss viel produzieren. Masse wiederum führt leicht zu Überproduktion und fallenden Preisen. Es ist ein Teufelskreis."

„Die Agrarförderung ist der mit Abstand größte Posten im EU-Haushalt."

„Aber was wird gefördert? Der größte Teil der Gelder finanziert Wachstum. Umgekehrt werden Umweltschäden nicht eingepreist – nicht die Belastung des Trinkwassers durch Überdüngung, nicht das Artensterben durch Insektizide, nicht der CO_2-Ausstoß durch irrwitzige Transporte um den halben Globus. Würden sie eingerechnet, wären konventionelle Lebensmittel nicht mehr billiger als Biolebensmittel. Doch für diese Nebenwirkungen haftet die Allgemeinheit."

Draußen fährt ein Traktor vorbei. An der Hauswand gegenüber färbt sich der Wein und Christine Mayr-Steers Blick schweift über die gekalkten Wände ihrer Stube, die Holzfenster, die Eichendielen; vor einigen Jahren haben sie und ihr Mann das Haus renoviert, haben Tradition und Gegenwart in schöner Schlichtheit vereint. „Für viele ist unser Hof eine Klitsche. Dabei hat er zur Zeit meines Großvaters eine Großfamilie, Mägde und Knechte ernährt." Sie lächelt. „Ich werde ihn jedenfalls nicht hergeben. Unsere Kinder leben in der Stadt, doch sie wollen auch nicht, dass die Flächen verpachtet und konventionell bewirtschaftet werden. Vielleicht …" Sie hält inne und einen Moment dehnt sich die Stille im Raum. „Wenn eines oder beide den Hof eines Tages weiterführen, würde ich mich freuen."

Sagt's und verströmt wieder diese tiefe Freude.

Ein Gefühl von Sinn.

Von Glück. (SE)

Kurz und wichtig

- 2014 investierte Alexander Engelhard, Müller in der vermutlich fünfundzwanzigsten Generation, über eine Million Euro in die 600 Jahre alte Engelhardmühle in Attenhofen: erneuerte Vermahlung, Lagerung und Förderung, investierte in ökologische Schädlingsbekämpfung und nachhaltige Hygiene.
- Sein Biogetreide kauft er über die Vermarktungsgesellschaft Bio-Bauern mbH. Sie erfasst, bündelt und vermarktet selbst kleinste Mengen Getreide, Hülsenfrüchte, Kartoffeln, Zwiebeln, Saatgut von regionalen LandwirtInnen, kümmert sich um Qualitätsprüfung, Lagerung, Trocknung, Disposition, Logistik, Abwicklung.
- Christine Mayr-Steer liefert an die Erzeugergemeinschaft Biokartoffeln und Biogetreide. So kann sie, obwohl Landwirtin im Nebenerwerb, große Abnehmer beliefern, bessere Preise erzielen und ist durch Preisgarantien von der Volatilität der Märkte entkoppelt. Auch andere kleine Höfe wurden so wieder rentabel. Arbeitsplätze wurden gesichert, Dörfer blieben lebendig – aus einer ökologischen wurde auch eine soziale Landwirtschaft.
- Es liegt in unser aller Interesse, dass Kleine neben Großen bestehen: Landwirte, die statt profitablem Weizen alte Sorten wie Einkorn oder Emmer anbauen, pflegen Kulturpflanzen und Landschaften. Bauern, die um Bäume herumfahren, statt sie zu fällen, schaffen ökologische Inseln für Pflanzen und Tiere. Nebenerwerbslandwirte, die nicht zum ökonomisch sinnvollsten Zeitpunkt mähen, sondern Rücksicht auf brütende Vögel oder Insekten nehmen, sichern die Artenvielfalt.

Engelhardmühle Attenhofen

Engelhardmühle 1, 89264 Weißenhorn (Bayerisch Schwaben)
Betreiber: Alexander Engelhard

Familienbetrieb im Vollerwerb – biozertifiziert seit 2002 – Anbauverband: Bioland

Betriebsorganisation
Getreidemahlmühle, Biomehl-Erzeugung (Dinkel, Weizen, Roggen)

Gebäude
Traditionelle Mahlmühle seit 1413, letzte Modernisierung: 2014

Arbeitskräfte
2 Familien-AK

Anlagen
Anlage zum Mahlen von Getreide (über 5 Stockwerke)
Abpackvorrichtung zum Füllen von 1-kg-Tüten

Energiebereitstellung
Eigene Wasserkraft 14 kWh
Photovoltaikanlage 26 kWh
Insgesamt ausgeglichene Jahresbilanz

Vermarktung
Direkte Belieferung der Landbäckerei Sinz in Kempten (lose Verladung) und Abpackung der Biomehle in 1-kg-Tüten mit direkter Lieferung in das VonHier-Programm
Alle Mehle zur Herstellung von Biobroten und Verkaufsmehle in 1-kg-Tüten gehen ausschließlich in die Marke VonHier.
Geringer Verkauf im eigenen Hofladen

Wo bäuerliche Kultur blüht

Urlaub auf dem Bauernhof ist beste Werbung für die Landwirtschaft

Ohne Gummistiefel geht heute nichts. Der Himmel verhüllt sich grau und die Wolken hängen in dunklen Fetzen herab. Nieselregen kommt von vorn. Und von hinten. Und überhaupt von überall. Die Kälte kraucht durch jedes Knopfloch und der Boden ist so aufgeweicht, dass er an den Sohlen klebt. „He, ich komme!", ruft Moritz – empört, dass jemand im Weg steht und auf die Schuhe, statt auf ihn schaut. Jetzt muss er bremsen und wollte doch mit dem Trettraktor volles Tempo fahren. Noch ein vorwurfsvoller Blick, dann wendet der Dreijährige und strampelt zurück zu den anderen Knirpsen.

Mindestens fünf Kinder spielen vor dem Wohnhaus der Lautenbachers unter den ausladenden Ästen der großen Blutbuche. Völlig unbeeindruckt vom Regen.

Gerlind Lödde schmunzelt: „Ja, so kenn' ich das: Die sind bei jedem Wetter draußen. Wir Erwachsenen wollten im Urlaub bei Lautenbachers so gern Ausflüge machen – aber der Nachwuchs wollte nie mit." Tochter Hannah hüstelt hörbar: „Ja, Mama! Da sind die andern Kinder, die Pferde, die Ziegen, der Bach mit dem Schiff und das Trampolin." Wer will bei so viel Abwechslung schon weg? Oder gar drinnen sein? Zwar sind Hannah und ihre beiden Schwestern längst aus dem Trettraktor-Alter heraus, doch noch heute fahren sie gern mit den Eltern nach Kochel am See zum Urlaub.

Der Bauernhof von Familie Lautenbacher scheint eine Welt für sich. „Allein dieser Blick vom Balkon!", schwärmt Gerlind Lödde. „Morgens, wenn man aufsteht: Der Nebel steht über den Wiesen und man kann weit in die Landschaft gucken." Vorn das Kochelseemoor, hinten der Herzogstand. „Das tut richtig gut für die Seele." Für den Moment schließt sie die Augen und lächelt.

Ein kleines Paradies, nicht nur im Frühjahr, wenn wie hier das Wollgras mit seinen weißen Knäueln die Landschaft ziert. In den Loisach-Kochelseemooren kommen gut 200 Vogelarten vor – die Landschaft beherbergt eine außergewöhnlich reiche Pflanzen- und Tierwelt.

Ein Ächzen und Rattern unterbricht die abendliche Ruhe. Unerwartet zügig arbeitet die Maschine: ein großes Gestell aus Metall, mintgrün, rechteckig, etwa in der Größe eines Altpapiercontainers. Die Maschine hängt hinten im Rinderstall an der Decke und fährt wie die Gondel einer Seilbahn an einer Schiene durch die Luft, quer durch den Stall. Dabei wirft sie frische Einstreu zu Boden. Die Vorrichtung trägt die Streu aber nicht als lose Halme, sondern aufgerollt zu einem fast mannshohen Ballen. Den rollt sie nun ab und zupft ihn auseinander.

Gegenüber am Futtertisch steht Mathias Lautenbacher mit einer kleinen Fernbedienung und steuert den Vorgang. „Der Rundballenauflöser nimmt uns viel Arbeit ab", erläutert er und nickt in Richtung des Ballens. „Im Stall ist alles so organisiert, dass es eine Person machen kann." Sagt's und drückt seiner Frau Benedikta die Fernbedienung in die Hand. Kurzes Nicken, gesetztes Einverständnis. Kurz darauf stapft die zierliche Frau mit ihren hohen Gummistiefeln und der lila Stalljacke durch die kniehohe Einstreu inmitten der Tiere. Sie unterstützt die Arbeit der Maschine und verteilt die frische Streu mit der Heugabel noch gleichmäßiger.

Nach zehn Minuten ist es wieder ruhig im Stall. Das heißt, ruhig war es die ganze Zeit: Die Rinder liegen bequem, ihre Körper versinken tief im weichen Grund und ihre großen braunen Augen blinzeln nur – als habe dieser Tag tatsächlich nicht mehr zu bieten als graue Wolken und Nieselregen. Selbst der Rundballenauflöser und die herabrieselnde Streu haben keinerlei Bewegung in die Herde gebracht. „Normal ist's net so ruhig, wenn eingestreut wird." Mathias Lautenbacher schmunzelt.

Als habe es die Worte gehört, rappelt sich ein Kälbchen auf. Vom Nachwuchsbereich schlüpft es durchs Gatter hinüber zur Herde und zur Mutter. Mit langem Hals sucht es nach einer Zitze und beginnt zu trinken. Die anderen Kälber, aber auch einige der jungen Halbstarken bleiben in ihrem Separee und dösen weiter. „In der Kälberbucht haben sie mal Ruhe vor den Großen." Mathias Lautenbacher wiegt den Kopf: „… was man beim Nachwuchs halt so Ruhe nennt. Wie gesagt, sonst ist da viel mehr los. Die springen voller Freud' umanand'."

Zwanzig Mutterkühe und deren Nachwuchs halten die Lautenbachers. Auf eher ungewohnte Weise: Denn wenn die Tiere nicht gerade auf der Weide sind, kommen sie im Offenfront-Tretmiststall unter. Offenfront und Tretmist, das heißt frische Luft und viel Himmel statt vier Wände und weicher Mist statt Spaltenboden und Gülle.

Der Rinderstall am Erharthof hat an der Längsseite keine Wand, die Front steht offen. Sie wird nur bei sehr schlechtem Wetter mit einem Windschutznetz verhängt. Im Liege- und Aufenthaltsbereich der Rinder polstert eine dicke Schicht Einstreu den Boden und täglich fährt der Rundballenauflöser, um neue Streu dazu zuwerfen. Mit der Zeit und durch die Trittbewegungen sowie die Ausscheidungen der Tiere bildet sich Tretmist. Da der Liegebereich im

Stall ein Gefälle hat, wird ein Teil des Tretmistes nach unten in den Laufgang getreten. Von dort transportiert der Faltschieber zwei Mal am Tag das Jauche-Mist-Gemisch nach draußen.

„Kommen Sie!" Mathias Lautenbacher läuft behänden Schrittes die Treppe im Wohnhaus hinab. Im Keller öffnet er eine unscheinbare Tür – und der Gast findet sich mitten in einem kleinen Museum wieder. Die dicken Wände weiß getüncht, die gläsernen Vitrinen staubfrei, gepflegt und sorgsam eingeräumt. Darin und an den Wänden alte Fotos, Urkunden, Landkarten, Schriften und Werkzeug. „Momentan machen wir richtig Ahnenforschung", erzählt der Hausherr und Stolz zeichnet sich in seinem Gesicht ab. „Wir werden 2023 fünfhundert Jahre alt."

Die Geschichte des Hofes und seiner Bewohner lässt sich weit zurückverfolgen: In einer Schenkungsurkunde von 1048 an das Kloster Benediktbeuren wird der Weiler „Orth" zum ersten Mal erwähnt und Klosternotizen belegen die Namen der Hofbewohner seit 1441. „Dadurch wissen wir, dass ab 1523 die Familie Lautterpacher den Hof bewirtschaftete."

Der schlanke Einmeterneunzig-Mann mit den nussbraunen Locken zieht den Kopf ein, während er durch die niedrige Türöffnung in den zweiten Raum schlüpft. Unterdessen erläutert er detailreich und voller Begeisterung die Ausstellungsstücke. Bis er innehält. „Dieses Foto zeigt meinen

Wie immer barfuß: Mathias Lautenbacher beim Füttern seiner Mutterkuhherde vor dem Offenfrontstall. Zum Einstreuen der Liegeflächen nimmt der Landwirt das Heu aus den Streuwiesen.

Vater." Eine Schwarz-Weiß-Aufnahme aus dem Zweiten Weltkrieg: Soldaten in Uniform blicken mit aufgesetztem Lächeln in die Kamera. Mathias Lautenbacher räuspert sich leise. „Er kam krank aus dem Krieg zurück und hat sich nie wirklich erholt." Als Mathias 1968 auf die Welt kam, ging es dem Vater schon so schlecht, dass die Familie die Milchviehhaltung aufgab und sich der Jungviehaufzucht zuwandte. Als der Bub sechs Jahre alt war, starb der Vater.

Sanft wiegen sich die Ähren des Schilfes im Wind. Sein Säuseln und das Rascheln der Blätter und Halme scheinen die einzigen Geräusche hier im Moor zu sein. Ruhe hüllt den Besucher ein, alles wirkt zeitlos. „Das ist ein kleines Paradies." Benedikta Lautenbacher lächelt gelöst – und sagt einen Moment lang nichts mehr. Sie sucht nach Worten. „Das Wäldchen, das Moos, der Geruch … Der Geruch vom Feuchten, vom Schilf. Ich kann das nicht beschreiben, aber es ist etwas ganz besonderes. Wenn dann noch ein lauer Wind weht … das ist Gänsehaut."

Nur zehn Minuten braucht sie zu Fuß, um vom Hof ins Moor zu gelangen: „Einfach grad runter." Mal allein, mal mit ihrem Mann, mal mit den Urlaubsgästen. Im Frühjahr, wenn die weißen Knäuel des Wollgrases die Wiesen zieren. Im Herbst, wenn das Lila der Besenheide und das kupferfarben vergilbende Pfeifengras die Landschaft färben, und wenn das Farbspiel der Torfmoose besonders ins Auge fällt.

Streuwiesenpflege, Heuernte und vieles mehr: Das Lohnunternehmen Lautenbacher bietet überbetrieblichen Maschineneinsatz. Die Firma gehört Vater Mathias und seinen beiden Söhnen: dem Landwirtschaftsmeister Mathias und dem Forstmeister Kilian

Die Liebe zur bäuerlichen Kultur zeigt sich im Detail: Hier die regional typische Zierbund-Holzkonstruktion über dem alten Stall. Lautenbachers haben ihn extra erhalten und nutzen ihn für Streichelzoo und Ponys. Gerade fährt Benedikta Lautenbacher den Mist hinaus.

Die Loisach-Kochelsee-Moore gehören zu den bedeutendsten Moorgebieten in Süddeutschland. 3.600 Hektar umfasst ihre Fläche, der im Süden angrenzende Kochelsee misst 588 Hektar. Mehr als 200 Vogelarten brüten oder rasten hier, darunter Braunkehlchen und Eisvögel, hinzu kommen viele Arten Schmetterlinge wie der Hochmoor-Perlmuttfalter und der Riedteufel, außerdem Libellen wie die Fledermaus-Azurjunger.

Die Klöster Benediktbeuren und Schlehdorf sowie die Bauern der Gegend bewirtschaften die Moorlandschaft seit rund tausend Jahren, und so sind auch die artenreichen Streuwiesen entstanden. Streuwiesen, deren Mahd früher im Stall als Einstreu verwendet wurde.

„Unsere Flächen im Moor habe ich früher zum Teil noch von Hand bewirtschaftet, wie es damals halt so war", erinnert sich Mathias Lautenbacher. „Aber der Aufwand!" Der Einsatz von Maschinen scheiterte schon an der Bereifung. Traktorräder zum Beispiel waren meist so schmal, dass sie im feuchten Boden versanken und stecken blieben. Trotzdem: „Meine Frau und ich wollten immer – auch dann im neuen Stall – so gerne Streu nutzen. … Enzian wächst nun einmal nur da, wo immer wieder mal gemäht wird." Doch nicht nur die Schönheit der Landschaft reizte den Landwirt: „Das hat mich auch interessiert, weil eingestreute Ställe einfach tiergerechter sind und weil die Flächen nicht so umkämpft sind wie Grünland."

Mathias Lautenbacher steht im Hof, mustert versonnen seinen Offenfrontstall und schaut den Rindern zu, die Hände tief in den Hosentaschen der schwarz-grünen Arbeitshose. Ein grauer Strickjanker, bis oben zugeknöpft, wärmt ihn. „Als wir damals den Hof übernommen haben, war schnell klar: Der alte Anbindestall tut's nimmer." Der Landwirt schüttelt den Kopf: „Das waren unerträgliche Arbeitsbedingungen!" Entmistet wurde von Hand und das Futter mussten Lautenbachers – ebenso von Hand – in Hochbarren werfen.

Aber … „Mutterkuhhaltung, drei kleine Kinder und dann einen Stall neu bauen: Die meisten haben uns abgeraten!" Doch das junge Paar fand keine Ruhe. Die Tiere sollten es besser haben, die Arbeit sollte einfacher sein und für „ihre" Streuwiesen wollten sie auch etwas tun. Nur, der Kreisbaumeister blockte ab: Kein Gebäude sei so schön wie die Landschaft. „Was für ein Spruch! Wir hatten Not und durften nicht bauen."

Man riet ihnen, wieder Milchvieh zu halten. Man riet ihnen, alles beim Alten zu lassen. Man riet ihnen, etwas anderes als Landwirtschaft zu machen.

Sie mühten sich weiter um eine Lösung.

Eines Tages kam Thomas Eberherr. Er habe gehört, dass Lautenbachers einen Stallneubau planen – ob sie nicht am Streuwiesenprojekt des Zentrums für Umwelt und Kultur des Klosters Benediktbeuren, ZUK, teilnehmen wollten. Der Biologe suchte Landwirte, die Streuwiesen pflegen und bewirtschaften wollten. „Der rannte bei uns offene Türen ein!"

Streuwiesen gehören zu den artenreichsten Lebensräumen in Mitteleuropa. Sie werden alle ein bis drei Jahre einmal im Herbst, nicht vor September, gemäht. Die Pflanzen, die so gut an den feuchten Lebensraum angepasst sind, können später – nach Ernte und Trocknung – wieder viel Feuchtigkeit aufnehmen, weshalb sie im Stall gern als Einstreu genutzt wurden.

Doch mit den Entwicklungen in der Landwirtschaft rechnete sich die Streuwiesenmahd nicht mehr. Spaltenboden und Gülle oder am Markt gekauftes Stroh lösten die aufwändig gewonnene Einstreu ab. Laut ZUK sind in Bayern „nur noch zwei Prozent der ehemaligen Streuwiesen in gutem Zustand erhalten." Um dieser Entwicklung etwas entgegenzusetzen, starteten die Ökoexperten das Projekt „Landschaftspflegehöfe".

„Zwei Betriebe und wir. Jeder baut einen Stall mit Festmist. Die Vorstellung hat uns Mut gemacht." Endlich zeichnete sich ein Weg ab.

Aber das Amt für Landwirtschaft sah das anders: „Mutterkuhhaltung ist das Letzte vorm Aufhören. Was Sie da vorhaben, rentiert sich nicht." Wenn das junge Paar bis hierhin nicht aufgegeben hatte, so war nun der Punkt erreicht: „Wir sahen keine Lösung mehr, waren verzweifelt."

Bis zu dem Tag, an dem die alljährliche Biokontrolle am Hof stattfand. „Der hat sich das angehört und empfahl uns, in Weihenstephan eine Beratung einzuholen." Ein Hoff-

Ein Ambiente zum Wohlfühlen: vorn der traditionelle Bauerngarten mit vielen Kräutern, im Hintergrund der Herzogsstand

Der Einfirsthof der Lautenbachers (vorn) und die Ferienhäuser der Urlaubsgäste (hinten) fügen sich stimmig in die Landschaft. Ihre Architektur entspricht außen wie innen dem oberbayerischen Stil.

nungsschimmer. Gemeinsam fuhr das Ehepaar zum Termin in die landwirtschaftliche Fakultät der Hochschule. „Jetzt kam's zum Laufen. Weil die einen Brief ans Amt geschrieben haben: Es wird gebaut. Punkt."

Das war 1994, vier Jahre nach der Hofübernahme, fünf Jahre nach der Umstellung auf Mutterkuhhaltung.

Valentina balanciert auf dem Futterbarren. Die Ziegendame ist ausgebüxt – sehr zur Freude der Kinder. Trettraktor, Laufräder und Spielauto haben Moritz und die anderen gerade im kleinen Fuhrpark im alten Stall geparkt, um die Tiere dort zu besuchen. Ponys, Hasen, Hühner, Bergschafe, Meerschweinchen – und die kleine Bergziegenfamilie, zu der Valentina gerade hinabmeckert. Lachend klatscht Moritz in die Hände und ruft: „Mäh!"

„Sie haben's sicher gesehen", sagt Mathias Lautbenbacher. „Unser Bauernhaus ist als Einfirsthof gebaut, das war mal typisch für die Gegend." Das heißt, Stall und Wohnen befinden sich traditionell unter einem Dach. Als Lautenbachers ihren neuen Rinderstall errichteten, entschieden sie sich, auf der anderen Seite des Hofes, schräg gegenüber vom Wohnhaus zu bauen und den alten Stall weder zu verändern noch abzureißen. Vielmehr nutzt die Familie ihn seither für den Streichelzoo.

Zehn Tierarten leben am Hof, die meisten im alten Stall. „Als Urlaub auf dem Bauernhof wollen wir schon bissl was bieten." Und das klappt: Die Gäste kommen gern, und sie kommen immer wieder. „Etwa 90 Prozent sind Stammgäste", überschlägt Mathias Lautbenbacher: Die Rechnung, dass sich Mutterkuhhaltung und Stallneubau nicht lohnen, die darf man bei Lautenbachers nicht ohne Tourismus und Streuwiesenprojekt machen. Sechs Ferienwohnungen gibt es am Hof, etwa hundert Familien kommen pro Jahr.

Draußen tuckert ein Motor, rasselt und verstummt. Mathias Lautenbacher tritt auf die Schwelle des alten Stalls, lehnt in den Türrahmen und schaut eine Weile seinen Söhnen Kilian (24) und Mathias (28) im Hof zu. Sie haben die Motorhaube des Schleppers geöffnet und ihre Arme, die Jacken aufgekrempelt, verschwinden darin bis zu den Ellenbögen. „Wie weit seit ihr?", fragt der Vater. „Das haben wir bald", sind sich die jungen Männer einig.

Der Schlepper, den sie reparieren, gehört eigentlich nicht zum Hof. „Wir haben ein Lohnunternehmen gegründet", erläutert Mathias Lautenbacher. Für die Streuwiesenmahd benötigt die Familie einige Spezialmaschinen und entsprechende Ausrüstung. „Alles sehr teuer. Allein die breiten Reifen, damit wir in den feuchten Wiesen nicht versinken, kosten für einen Traktor 15.000 Euro." Unentbehrlich auch ein Balkenmäher: „Der ist zum einen leicht, das reduziert den Bodendruck. Zum anderen können die Tiere fliehen und werden nicht verletzt. Er hat 3,50 Meter Schnittbreite."

Lautenbachers mussten einen Weg finden, die hohen Investitionen rentabel zu machen. Ihr Glück: Ob Traktor,

Die Attraktion am Erharthof – für die kleinen wie die großen Urlaubsgäste – sind die vielen Tiere: Schafe, Kleinpferde, Ziegen, Schweine, Hühner, Hasen, Enten ...

Die Eltern zieht es in die Berge, die Kinder wollen „beim Bauern“ bleiben. Die Kleinen lernen spielerisch den Umgang mit den Tieren.

Rundballenpresse oder Kompoststreuer – der Bedarf war da: „Es kamen immer mehr Anfragen." Anfragen, ob man die Maschinen leihen könne und Anfragen, ob Lautenbachers nicht diesen oder jenen Arbeitsschritt übernehmen könnten.

So brachte das Streuwiesenprogramm der Familie nicht nur selbst erzeugte Einstreu für den Hof und ein Zusatzeinkommen durch Prämien, vor allem den Erschwernisausgleich, sondern auch weiteren Verdienst durch das Lohnunternehmen: „Im Sommer übernehmen wir die gesamte Erntekette im Grünland vom Mähen bis Trocknen und Silieren, im Winter das Schneeräumen."

Mit „wir" meint Lautenbacher auch seine Söhne, die beide am Hof mitarbeiten und ihn einmal fortführen möchten.

Harald Klimenta tippt sich schon eine Weile durch das Bildarchiv seines Notebooks. Jetzt hebt er den Kopf und dreht den Monitor. „Hier, schauen Sie!" Das Foto zeigt ihn, wie er inmitten einer Wiese beim Erharthof sitzt. Ein Bein über das andere geschlagen, die Gitarre im Schoß, amüsiertes Grinsen auf den Lippen. Um ihn herum Schweine: eine kleine Schar Schwäbisch-Hällischer Landschweine. „Die waren ausgerissen, und mehr so im Spaß dachte ich, ich könnte sie mit der Gitarre locken. Sie kamen tatsächlich!"

Am Bächlein zwischen den Häusern haben Lautenbachers mit viel Phantasie eine Abenteuerlandschaft geschaffen: Grillstätte, Piratenschiff, Spielplatz und Wasserspiele locken die Kinder sogar an Regentagen ins Freie

Das liebevoll eingerichete, informative Hofmuseum im Keller erzählt die Geschichte des Hofes und zeigt eindrucksvoll die Traditionsverbundheit der Familie

Gute Aussichten: Mit einhundert Urlaubsfamilien pro Jahr können Lautenbachers rechnen. – Gibt es eine bessere Imagewerbung für die Landwirtschaft als Urlaub auf dem Bauernhof?

Das Foto zeigt eine Erinnerung von vielen, die der Regensburger und seine Familie in den Urlauben am Ehrharthof gesammelt haben. Auch sie gehören zu den Stammgästen, die jedes Jahr wiederkommen. „Wir sind dort daheim." – Wegen der Tiere, wegen der Landschaft, wegen der Menschen …

Haralds Frau Luzia schwärmt: „Wenn wir ankommen, denke ich immer: Jetzt sind wir wieder da. Am Hof bei den netten Leuten." Die Familie schätzt die Art der Lautenbachers sehr: „So herzlich. Und so begeistert für das, was sie tun." Egal, ob man ihre Arbeit als Landwirte betrachte, ihre Gastfreundschaft oder ihr Engagement für Brauchtum und Kultur, für die Politik am Ort, für das Moor und die Streuwiesen und überhaupt für ihr Zuhause.

Harald Klimenta weiß, wovon er redet: Als zeitkritischer Publizist und Referent sowie als Mitglied der globalisierungskritischen Organisation Attac muss er immer wieder politischen Diskussionen standhalten. „Das Vorhandensein von solchen Höfen gibt mir sehr viel Selbstbewusstsein. Mit diesem Wissen, mit dieser Sicherheit, dass es Menschen mit diesem Engagement noch gibt, kann ich in den Debatten ganz anders auftreten."

Aber nicht nur das ist ihm wichtig. „Auch, was da am Hof mit den Kindern passiert … Die sehen dort, wie Tiere in Würde gehalten werden – und dass Fleisch nicht aus der Fabrik kommt. Die Kinder denken mit, die diskutieren mit. Sie sehen: Welche Wirkung hat das, was wir essen, auf unser Leben. Und sie schauen ein Stück weiter." Da gehe es nicht nur um seinen eigenen Sohn, sondern auch um die vielen anderen Urlaubskinder. „Wir brauchen Kinder, für die Kühe nicht lila sind!" Und Kinder, die Traditionen nicht als leere Hülle oder aufgesetztes Spektakel erfahren, sondern als gelebtes, authentisches Zuhause, als Basis einer starken Identität. (FG)

Kurz und wichtig

- Mathias und Benedikta Lautenbacher betreiben einen breit aufgestellten Biohof:
- Sie gehören zu den rund 80 Mutterkuhhaltern im VonHier-Programm und vermarkten das Fleisch ihrer ein- und zweijährigen Ochsen und Färsen. Die Tiere leben viel im Freien: auf den hofeigenen Weiden und der Orterer Alm. Ihr Stall ist ein Offenfront-Tretmiststall.
- Sie pflegen Streuwiesen im Loisach-Kochelseemoor. Somit erzeugen sie die gesamte am Hof benötigte Einstreu und profitieren von Prämien wie dem Erschwerniszuschlag. Zudem gründeten sie ein Lohnunternehmen, was eine weitere Einkommensquelle für den Hof darstellt: Es ermöglicht ihnen eine sinnvolle Auslastung der teuren Spezialmaschinen, die sie für die Streuwiesenpflege angeschafft haben.
- Bereits seit 1955 gibt es Gästezimmer am Hof. Heute bietet die Familie mehrfach ausgezeichneten „Urlaub auf dem Bauernhof" und gehört mit ihrem Betrieb zu den „Vitalhöfen in Oberbayern" (ein Zusammenschluss besonders naturbewusster Höfe). Der Erharthof zeigt: Die beste Imagepflege für Bauern und ihre Arbeit ist Urlaub auf dem Bauernhof.
- Zum Betrieb gehören zudem große Waldflächen, so dass auch die Forstwirtschaft zum Einkommen beiträgt.
- Die gesamte Familie ist stark engagiert im kulturellen, traditionellen und sozialen Leben am Ort.
- Mehr zum Projekt „Landschaftspflegehöfe" unter www.zuk-bb.de/zuk/landschaft/arbeit-des-naturschutzbueros/landschafts-pflegehoefe

Mathias Lautenbacher

Kapellenweg 8, 82431 Kochel (Oberbayern)

Familien-Vollerwerbsbetrieb – biozertifiziert seit 1980 – Anbauverband: Bioland

Betriebsorganisation
Mutterkuhhaltung
Vermietung von Ferienwohnungen
Waldbewirtschaftung
(Parallel zum Betrieb Mathias Lautenbacher betreibt die Familie ein eigenes Lohnunternehmen, die „Lautenbacher GbR" für überbetriebliche Arbeiten)

Landwirtschaftliche Nutzfläche
108 ha LN, teils arrondiert, davon sind 23,4 ha Grünland, 88,5 ha Streuwiesen (76 ha in Pacht) und 8,6 ha Almfläche (Anteil)
48 ha Bergwald (davon 50% Schutzwald)

Viehhaltung
19 Mutterkühe und ca. 25 Stück Mastrinder (ein- und zweijährig)
Deutsches Fleckvieh mit Einkreuzung Blonde d'Aquitaine
Reitponys, Schweine, Schafe, Ziegen, Hühner, Hasen, Enten (Tier-Erlebniswelt für die Urlaubsgäste)

Gebäude
Bauernhaus im oberbayerischen Stil (Wohnhaus, Stallungen für die Kleintiere und Heulagerraum)
Offenfrontstall mit eingestreuter Liegefläche für die Mutterkuhherde (Neubau)
Ferienhaus mit 4 Wohnungen (neu) und älteres Wohngebäude mit 2 Ferienwohnungen

Arbeitskräfte
4,0 Familien-AK

Maschinen
3 Schlepper (z. T. mit Breitreifen), komplette Erntekette für das Grünland, Miststreuer
Automatische Einstreu- und Entmistungsanlagen
Maschinenkette Streuwiesenpflege mit 3,5 m breitem Mähbalken

Vermarktung
Mastrinder und Altkühe liefert der Betrieb Lauterbacher direkt in das VonHier-Programm.
(Ferienwohnungen und Holzverkauf direkt ab Hof)

Eine ganz andere Sicht der Dinge

Wie Lorenz spürt, dass es seinen Schweinen gut geht

„In der Nacht, als du schliefst, hab ich eine Eule gesehen." Claudia Brücher greift nach der Hand ihres Sohnes. „Ob es unsere war?"

Lorenz' Blick schweift in den Raum. Seine Augen sind braun, mit einem faszinierenden Stich blau darin, seine Wimpern dicht und geschwungen.

„Erinnerst du dich? Die Schleiereule, die im Heustock genistet hat. Im Spitz war ihr Einflug und vor der Garage lag oft ihr Gewölle. Der Opa hatte einen Marderschutz gebaut, doch vor zwei Jahren war sie plötzlich verschwunden."

Abrupt zieht Lorenz die Hand zurück.

„Manchmal, wenn eine Eule vorbeifliegt, denk ich an sie."

Wie unter Zwang wandert die Hand Richtung Schulter und verharrt dort.

„Vielleicht war's auch eins ihrer Jungen."

Die Muskeln in den Schenkeln des Jungen beginnen zu zittern. Flattern unter der Hose wie Laub, an dem der Wind zerrt. Eine Katze springt auf die Liege, schmiegt ihren Kopf an seinen Hals. Lorenz rührt sich nicht. Liegt still da, während ein Sturm durch seine Beine tobt.

Nach einigen Minuten lassen die Krämpfe nach. Vorsichtig beugt sich Claudia Brücher über ihren Jüngsten, streicht über seine Brust. „Philipp ist bei einem Freund und Hannah beim Reiten – wollen wir beide einen Spaziergang machen?"

Martin Mohr geht durch den Stall. Seine Sauen liegen ausgestreckt im Stroh, umgeben von Ferkeln, manche rosa, manche braun wie Dackel, ein paar aprikosenfarben mit schwarzen Flecken, auf ihren kurzen Beinen laufen sie durcheinander, klettern übereinander hinweg, alle auf der Suche nach einer Zitze, und wenn sie eine gefunden haben, nuckeln sie und schmiegen sich – eine Klaue im Bauch, den Ringelschwanz im Gesicht eines Geschwisterferkels – aneinander.

„Die sind vier Wochen alt." Mohr betrachtet das Ferkelknäuel. „Unsere Sauen ferkeln einzeln ab, anschließend halten wir sie im geschlossenen System, wobei wir seit einer Weile das sogenannte Gruppensäugen praktizieren." Er beugt sich vor. Sein Blick ist freundlich. Und scharf. Er will, dass es seinen Tieren vom ersten Atemzug an hervorragend geht – und dann jeden Tag noch ein bisschen besser.

Martin Mohr wuchs auf einem Schweinehof auf, lernte Landwirt, wurde Geselle, dann Meister und übernahm den Familienhof. Um die Jahrtausendwende veränderte sich der Markt: Schweinefleisch war gefragt, mehr denn je, die Gesamtproduktion stieg und stieg – doch der Preis sank. Immer mehr Familienbetriebe gaben auf. Ein paar Großbetriebe bestimmten zunehmend die Regeln einer ganzen Branche. Die Verbraucher freuten sich, denn Fleisch wurde billiger und billiger, doch um ihre Familie zu ernähren und den gemeinsamen Hof rentabel zu bewirtschaften, hätten Martin Mohr und Claudia Brücher immer mehr Ferkel erzeugen müssen. „Wir wollten uns aber nicht vergrößern, und weil Land knapp und teuer ist, wäre das auch gar nicht möglich gewesen."

2005, wenige Monate vor Lorenz' Geburt, hatte Mohr Landwirte in der Schweiz besucht. Freies Abferkeln, Gruppenhaltung, Höhlenställe – so vieles war möglich, man musste es nur tun! Schon länger überlegte er, umzustellen. Doch wie, fragten er und seine Frau sich, sollen wir ökologisch wirtschaften und davon leben? 2010 brachte ein Naturland-Berater sie in Kontakt mit VonHier. Dort suchte man Bio-Schweinemäster, denn auch die Nachfrage nach Bioschweinefleisch stieg. Zwar, erklärte man, sei die Erzeugung von Bioferkeln aufwendiger – doch wenn Mohrs sich für ein geschlossenes System entschieden, also Ferkel erzeugten und diese auch mästeten, würde sich das wirtschaftlich rentieren.

Und dann, an einem Tag im August 2010, stürzte Lorenz mit dem Fahrrad.

Er überlebte, erlitt ein schweres Schädel-Hirn-Trauma, ist seither im Wachkoma. Das Leben hatte die Familie aus der Bahn geworfen. Eine Zeit lang war nicht einmal sicher, ob sie den Hof weiterführen würde. Dann übernahm Claudia Brücher Lorenz' Pflege, kümmerte sich um seine Geschwister, Haushalt, Garten. Und Martin Mohr stellte auf bio um: Er baute den Stall um und errichtete den Ökovorgaben entsprechend Buchten mit viel Platz, Licht und frischer Luft, legte geräumige Außenausläufe an. Heute hält er Muttersauen und Ferkel nach der Geburt in geschlossenen Buchten, die Sauen haben Auslauf, die Ferkelnester wärmt ein Heizplattensystem, dessen Wärmeverteilung den sehr unterschiedlichen Bedürfnissen von Neugeborenen und Sauen optimal entspricht. Ab der dritten Woche beginnt das Gruppensäugen: Die Ferkel sind an ihre Mütter gewöhnt und alle Tiere können sich nun ungehindert im Stall bewegen, es gibt weite, mit Stroh eingestreute Liegebereiche und Auslaufflächen. Nach fünf Wochen werden Ferkel und Sauen getrennt, die Ferkel ziehen in den Vormaststall, bis sie ein Gewicht von 50 Kilo erreicht haben; auch hier stehen ihnen noch geheizte Ferkelnester zur Verfügung. Nach fünfzehn Wochen beginnt dann die eigentliche Mast, in einem Offenstall mit natürlicher Klimaführung, ebenfalls mit großzügigen, mit Stroh eingestreuten Liegebereichen und Auslaufflächen.

Eine Sau rollt sich auf die Seite und gibt ihr pralles Gesäuge frei – quiekend drängeln und schubsen ihre Ferkel, laufen

Familie Mohr hält 60 Zuchtsauen und 500 Mastschweine im geschlossenen System. Mohrs bauten extra für die Abferkelzeit einen neuen Stall mit viel Auslauf (Bild rechts). Dann kommt die Schweinefamilie mit anderen in einen Stall, wo Gruppensäugen möglich ist.

einander über den Haufen, rappeln sich auf, schnappen wild nach jeder Zitze, die sie erwischen, und verteidigen sie energisch. „Ein bisschen wie im Kindergarten." Mit der Milde eines Vaters, der seinen Kindern zuschaut, guckt Mohr auf das Gewusel. Das Gruppensäugen gilt als besonders artgerechtes Haltungssystem, es orientiert sich am natürlichen Verhalten nach der Geburt, und wenn die Ferkel nach der Säugezeit von ihren Müttern getrennt werden, löst auch das Absetzen weniger Stress und Adrenalinbildung aus, weil die Tiere einander schon kennen. Das Gruppensäugen kann die tägliche Stallarbeit effizienter machen und Baukosten senken. Trotzdem ist es kaum etabliert. Um das zu ändern, haben mehrere DACH-Organisationen – das Schweizer Forschungsinstitut für biologischen Landbau (FiBL), das Institut für Biologische Landwirtschaft der HBLFA Raumberg-Gumpenstein in Österreich sowie die Veterinärmedizinische Universität Wien und die Beratung Artgerechte Tierhaltung e. V. (BAT) in Deutschland – das Verfahren im Praxisbetrieb erforscht. „Nach diesen Forschungsergebnissen haben wir gebaut. Wir haben zwei Mal sechs Einzelbuchten errichtet und ich muss sagen: Es funktioniert sehr, sehr gut. Bei der Geburt herrscht heute eine solche Ruhe: Die Sauen sind ruhig, die Ferkel sind ruhig, die Sauen liegen viel, bewegen sich aber kaum, das Risiko Ferkel zu erdrücken ist gering. Ich beobachte die Tiere, aber ich muss kaum eingreifen."

Nur wenige Biobauern in Deutschland praktizieren das Gruppensäugen. Dennoch sieht Martin Mohr sich nicht als Pionier. „Eigentlich orientiere ich mich nur am natürlichen Verhalten der Schweine."

Lorenz wendet den Kopf. Er öffnet den Mund, als lache er; doch sein Gesicht wirkt angespannt. Seine Mutter biegt mit dem Rollstuhl auf den Schotterweg. Die schwarze Katze (die ein Kater ist und Fiffi heißt) tänzelt ihr um die Beine und miaut – mit schnellem Griff packt sie sie, setzt sie ihrem Sohn auf den Schoß und schiebt weiter. Huggenlaubach ist ein Weiler mit fünf Familien, drei Höfen und einer Kapelle, inmitten von blühenden Wiesen und fruchtbaren Äckern, von Wäldern und Hügeln, und sie schlägt den Weg hinunter zum Bach ein. Die Sonne scheint, ab und zu geht leiser Wind.

Lorenz‘ täglicher Weg: vorbei an Clown, dem Fuchswallach, auf dem Lorenz manchmal mit seiner Schwester reitet, danach zum Laubach, wo die Eltern ein Biotop angelegt haben ...

… weiter geht's zu den lebhaften Schweinen, die sein Vater wohlwollend beobachtet, bis hin zur kleinen Kapelle, in der Lorenz getauft wurde.

Auf einer Weide grasen zwei Pferde. Das eine, ein Fuchswallach, hebt den Kopf. „Schau, Lorenz, der Clown hat uns entdeckt." Claudia Brücher bremst den Rollstuhl, öffnet das Tor zur Koppel. Die Pferde kommen näher. Sie schnuppern an Lorenz' Fußsack – der Kater nimmt Reißaus. Clown zupft vorsichtig an Lorenz' Mütze. Der Junge verharrt, doch es scheint, als folge er aufmerksam jeder Bewegung. Crazy, ein Hengstfohlen, wandert mit den Lippen durch sein Gesicht. Lorenz' Mutter weist es zurecht und streichelt die Hand ihres Sohnes; es ist eine kleine, schmale Hand, nicht die eines zwölfjährigen Jungen. „Früher bist du auch mit mir zu den Pferden gegangen. Deine Geschwister und du, ihr hingt an meinem Rockzipfel. Trotzdem bist du rumgesprungen, warst ungestüm. Du liebtest Geschwindigkeit, hast dich gefreut, wenn der Wind dir beim Fahrradfahren ins Gesicht blies."

Clown schnaubt. Crazy stupst Lorenz. Er lässt es geschehen.

„Vielleicht würdest du, wäre der Unfall nicht gewesen, heute reiten, wie Hannah und ich? Als kleine Kinder hab ich euch oft mit aufs Pferd genommen. Heute setzen wir dich manchmal auf den Isländer, deine Schwester hält dich, Papa führt, ich lauf links, dein Bruder oder der Opa rechts. Du wirkst immer froh."

Wieder schnaubt Clown und Crazy schnappt nach Lorenz' Ärmel. Claudia Brücher versetzt ihm einen leichten Schlag.

„Komm, Lorenz, wir lassen die frechen Jungs allein." Sie bugsiert den Rollstuhl zurück auf den Weg. Schotter knirscht unter den Reifen. „Schau, auf der Wiese deines Onkels blühen die Streuobstbäume." Sie lacht und wischt sich eine lose Strähne aus dem Gesicht. „Im Herbst tragen sie wieder Unmengen Äpfel und wir müssen sie wegklauben, weil die Pferde Koliken bekommen, wenn sie zu viele Äpfel fressen."

Lorenz verharrt in reaktionsloser Wachheit.

Seine Mutter hält auf eine Böschung zu. „Wir gucken mal nach der Hecke. Weißt du noch, als der neue Stall fertig war? Als wir zum Ausgleich das Gelände dahinter bepflanzt haben, mit Eichen, Ahorn und Sträuchern? Keine Ziersträucher, obwohl sie auch hübsch aussehen, sondern Schlehen und Hagebutten, heimische Sorten, die Beeren tragen, sodass Vögel und Igel, Siebenschläfer und Haselmäuse Nahrung finden.

Zur Adventszeit verwandelt sich der achtsam erhaltene, historische Gewölbestall in einen Markt für Christbäume. Alle Jahre wieder verkaufen Mohrs hier rund 500 selbst angebaute Bäume.

Inzwischen ist es ein wunderschönes Biotop, bis zum Uferstreifen wachsen Gras und wilde Blumen, Büsche und Bäume." Sie bleibt stehen. „Da würden sich auch Rebhühner wohlfühlen. Ich find's schade, dass es hier keine mehr gibt. Die intensive Bewirtschaftung, die immer größeren Flächen, all das nimmt ihnen den Lebensraum. In unserer Christbaumkultur, da hätten sie auch Schutz und genügend Sämereien zu fressen. Aber auch dort habe ich noch kein Rebhuhn gesehen." Sie wendet den Kopf, sieht zu den Ebereschen. „Schau, ihre Blüten leuchten wie weiße Schirme. Und der Weißdorn und der Holunder duften – riechst du's auch? Das mag ich so an der Natur: Zu erleben, wie alles wächst. Zu sehen, wie unsere Nahrung wächst, und wie mühsam es auch ist, sie herzustellen. Es macht einem bewusst, welchen Wert Lebensmittel haben."

Vom Stall weht leises Quieken herüber und Lorenz wendet den Kopf in die Richtung des Geräuschs.

Claudia Brücher wendet den Rollstuhl. „Ja, lass uns nach den Ferkeln gucken."

Lorenz gibt einen sanften Laut von sich.

Oben in den Ausläufen, eben noch hinter Windschutznetzen verborgen, drängen Sauen und Ferkel ans Gatter. Lorenz' Mutter parkt den Rollstuhl – zack, flitzen die Ferkel zurück in den Stall. „Wie kleine Kinder!" Sie lacht. „Aber warte … da kommen die Ersten schon zurück. Die Neugier ist größer als die Angst."

weiß ich auch nicht, was du mir zu verstehen geben willst, und diese Hilflosigkeit ist schrecklich. Ein wenig habe ich deine Reaktionen aber zu lesen gelernt. Wenn du dich unwohl fühlst, reagierst du unmittelbar – so warst du auch vor dem Unfall, direkt und impulsiv, da hast du dich nicht verändert. Wenn wir spazieren gehen oder du mit mir im Garten bist, während ich Rasen mähe, Unkraut jäte, Kartoffeln anhäufle, merke ich oft, dass du dich wohlfühlst. Du genießt die Sonne. Es scheint, als spürtest du die Wärme in deinem Gesicht, auf deiner Haut." Wieder streichelt sie Lorenz' Hand, drückt sie. „Bloß Kälte magst du nicht, da wirst du sofort krank. Drum packen wir dich warm ein und über deinem Bett hängt noch immer das Rotlicht aus dem Ferkelnest, das Papa angebracht hat."

Lorenz gibt einen Laut, kurz und hoch. Eine trächtige Sau legt sich nieder und suhlt sich und Lorenz' Vater kommt mit einer Mistgabel aus dem Stall und beginnt, den Auslauf zu säubern. Er winkt herüber. Lorenz' Mund formt ein Lachen. Sein Gesicht ist entspannt, seine Augen blicken in den Himmel.

Nach dem Misten sieht Martin Mohr nach den neugeborenen Ferkeln. Er muss die Buchten nicht mehr betreten, kann die Ferkelnester jetzt von außen kontrollieren; auch das sorgt für Ruhe im Stall. Er läuft den Gang entlang, beobachtet, prüft, überlegt. Stets auf alle Bedürfnisse aller Tiere einzugehen, räumt er ein, sei nicht einfach. Manchmal, wenn es einem Schwein nicht gut gehe, sei die Suche nach den Ursachen Detektivarbeit: Hat es Fieber, eine Infektion? Ist das Futter optimal, die Luftzufuhr? Hat die Einstreu vielleicht einen Pilz? Er probiere, verändere, spreche mit dem Tierarzt, dem Futtermittelhändler, Schweine seien komplexe Wesen. Doch der Managementaufwand lohne sich. „Die Sauen lieben das Gruppensäugen, die Ferkel haben viel Spaß miteinander, schon nach kurzer Zeit stieg die Leistung." Seine Tiere seien heute vital, die Ferkel stark. Weil alle Schweine Platz haben, gibt es kaum Rangkämpfe. Weil sie Bewegung haben, ihre Umgebung erkunden, im Matsch wühlen können (Schweine sind neugierig), weil sie herumwetzen, sich suhlen und scharren können (Schweine sind verspielt), gibt es nur selten Ohren- oder Schwanzbeißen. (Schwänze-Kupieren und Eckzähne-Abfeilen ist in der Ökohaltung verboten.) „In der Schule habe ich gelernt: Bei Krankheit im Bestand muss ich das und das spritzen. Ich muss impfen, fünf, sechs Mal, und wenn der Händler kommt und sagt: Du brauchst noch eine siebte Impfung, impfe ich auch ein siebtes Mal, nur um marktkonform zu sein. Das ist schon ein anderer Schliff. Heute lasse ich Licht und frische Luft in den Stall und habe

Lorenz gibt einen kurzen, sanften Laut.

„Als du klein warst, hat Papa dich manchmal ein Ferkel im Arm halten lassen, kurz nur, denn meist bekamen sie Angst. Im neuen Stall geht das nicht mehr, die Sauen würden protestieren, wenn man eins ihrer Jungen herausnähme. Die Lämmer, die wir mit der Flasche aufgezogen haben, waren zutraulicher. Du warst noch zu klein, aber Hannah konnte sie halten und füttern." Sie hält inne, streicht ihrem Sohn über den Kopf. „Ich weiß nicht, ob du dich erinnerst. Ich weiß nicht, ob du weißt, was für ein Leben du verloren hast. Du warst ja erst viereinhalb. Ich weiß auch nicht, ob du die Welt um dich herum siehst – die Ärzte sagen, deine Netzhaut sei geschädigt, doch du reagierst auf Licht, das merk ich. Oft

Ein Blick auf den Hof und die Landschaft: Rund 300 Hektar Biofläche bewirtschaften Mohrs zusammen mit zwei Kooperationspartnern in der Gegend um Hugenlaubach

kaum noch Krankheiten.“ So artgerecht Mohrs ihre Schweine halten – ohne eine Förderung aus Steuergeldern hätten sie den Stallneubau nicht finanzieren können.

Ausgemästet mit 100 Kilo Schlachtgewicht liefert Martin Mohr seine Tiere schließlich an den Schlachthof in Biberach, der für VonHier schlachtet. Die Kooperation mit VonHier habe sich bewährt: dank vertraglich garantierter Abnahme und kostenorientierter Preise, die jährlich verhandelt werden und den erhöhten Aufwand in der Haltung abbilden. So viel ins Tierwohl zu investieren und seine Schweine dann töten zu lassen – ist das für ihn kein Widerspruch?

Mohr reibt sein Kinn. Nickt. Und sagt: „Schweine, Rinder, Hühner ernähren uns. Die Tiere dienen unserem Lebenserhalt – und ich diene ihnen, während sie bei mir leben.“

Gegen Abend schiebt Claudia Brücher ihren Sohn zur Terrassentür. „Im Vogelhäuschen ist wieder der Kleiber, schau … Hab ich dir schon erzählt, dass er der einzige Vogel ist, der kopfüber laufen kann? Er setzt einen Fuß vor, krallt sich mit dem anderen an der Rinde fest und läuft senkrecht den Baum hinab.“

Lorenz’ Blick schweift durch den Garten. Fiffi, der Kater, springt zu ihm in den Rollstuhl, legt sich auf seine Beine. Die Katzen mögen die Ruhe, die Lorenz ausstrahlt, sagt seine Mutter. Dann geht sie in die offene Küche und beginnt, das Abendessen vorzubereiten. Draußen erklingt das Angelusläuten. „Hörst du, Lorenz? Die Glocke der Kapelle, die dein Urgroßvater und andere dem Weiler gestiftet haben. Bis vor ein paar Jahren wurde sie noch von Hand geläutet, jeden Monat war eine andere Familie dran, und wer läutete, betete dazu ein „Gegrüßet seist du, Maria“, das ist der Brauch. In der Kapelle wurdest du getauft. Später, nach dem Unfall, als du im Krankenhaus lagst, haben wir deine Taufkerze dann so oft angezündet, dass wir dir zur Kommunion eine neue machen mussten.“

Lorenz hebt den Kopf. Er scheint zu lächeln, seine Züge wirken gelöst.

„Manchmal fragen mich Leute, ob ich mit Gott hadere. Nein, das tue ich nicht. Die Ärzte sagen, du wirst nie aus dem Koma erwachen, und sie haben wohl recht. Du wirst nie den Hof übernehmen, wie dein Vater ihn von seinen Eltern übernommen hat. Doch ich erzähle dir, wie alles weiterging seit jenem Tag, an dem ich nur schnell beim Nachbarn Milch holen wollte und ihr unbedingt mitkommen wolltet, als du dein Fahrrad schnapptest, und wie immer warst du der Schnellste, bist den Weg hinabgesaust, an diesem Tag, an dem ich nicht darauf bestand, dass ihr im Haus auf mich wartet, nicht sagte, ich kann euch jetzt nicht brauchen, und du stürztest.“

Lorenz seufzt.

„Wärst du gestorben, ich hätte es wohl nicht ausgehalten. Zu merken, dass du kämpfst und leben willst, gab mir Stärke. Natürlich musste ich in das Neue hineinwachsen, das mussten wir alle, dein Vater, deine Geschwister, die ganze Familie. Doch ich wollte immer, dass meine Kinder glücklich werden, und manchmal denke ich, vielleicht bist du mein zufriedenstes Kind. Auch du haderst nicht. Du weilst im Moment, strebst nach nichts Erreichbarem oder Unerreichbarem. Und so lange erzähle ich dir weiter, jeden Tag ein bisschen, wie wir erhalten und verändern, was frühere Generationen aufgebaut und uns übergeben haben. Denn der Mensch, mein Kind, soll Gottes Land nicht nur bebauen, sondern auch behüten.“ (SE)

Kurz und wichtig

- Um die Jahrtausendwende veränderte sich der Markt und Schweinefleisch wurde immer billiger. Martin Mohr und Claudia Brücher hätten immer mehr Ferkel erzeugen müssen, um ihren Betrieb zu erhalten. Sie trafen eine wohlüberlegte ökonomische Entscheidung und taten das Gegenteil: Sie halbierten ihren Muttersaubestand und stellten ihren Hof auf bio um.
- Ihre Schweine halten sie seither im geschlossenen System. Und sie praktizieren das Gruppensäugen, das das natürliche Verhalten von Schweinen nachahmt und als besonders artgerecht gilt. Die ersten beiden Wochen verbringen Muttersauen und Ferkel in geschlossenen Buchten. In der dritten Woche sind die Ferkel an ihre Mütter gewöhnt und alle Tiere können sich ungehindert im Stall bewegen, es gibt großzügige, mit Stroh eingestreute Liegebereiche und Auslaufflächen. Nach fünf Wochen werden Ferkel und Sauen getrennt, die Ferkel ziehen in den Vormaststall, bis sie ein Gewicht von 50 Kilo erreicht haben. Nach fünfzehn Wochen beginnt die eigentliche Mast, in einem Offenstall mit natürlicher Klimaführung.
- Beim Stallbau orientierten Mohrs sich an den Ergebnissen einer Studie mehrerer DACH-Organisationen zum Gruppensäugen. Das neue System funktioniert inzwischen sehr gut, der erhöhte Managementaufwand lohnt sich: Die Sauen lieben das Gruppensäugen, den Ferkeln geht es sehr gut – bereits nach kurzer Zeit stieg die Leistung.

Martin Mohr

Huggenlaubach 2, 88477 Schwendi (Oberschwaben)

Familienbetrieb im Vollerwerb – biozertifiziert seit 2014 – Anbauverband: Naturland

Betriebsorganisation
Zuchtsauen und Mastschweine
Christbaumverkauf

Landwirtschaftliche Nutzfläche
65 ha Ackerland, davon 35 ha in Pacht, und 5 ha Grünland
Insgesamt 300 ha, in vertragloser Kooperation mit 2 weiteren Biobetrieben (1 Milchviehbetrieb, 1 Ackerbaubetrieb)

Viehhaltung
60 Zuchtsauen- und 500 Mastschweineplätze (geschlossenes System), Rasse: Schweizer Edelschwein, Eber: Duroc und Piétrain

Gebäude
1 Stallgebäude für Zuchtsauen in Gruppenhaltung und niedertragende Sauen im Altgebäude
1 Abferkelstall neu, aus Holz
1 Maststall (Offenstall) neu, mit 500 Mastschweineplätzen

Arbeitskräfte
1,5 Familien-AK, 2 x 0,5 Fremd-AK, 0,5 Azubi-AK gemeinsam mit Kooperationspartnern (Milch/Schweine)

Maschinen
1 großer Schlepper (gemeinsam mit Kooperationspartnern), die üblichen Ackerbaugeräte, Lohndrusch, Anlagen zur Futteraufbereitung

Energiebereitstellung
Photovoltaikanlage 30 kWh
Solarthermie (auch zum Heizen der Ferkelnester)

Vermarktung
Alle Mastschweine gehen in das VonHier-Programm.
Christbaumverkauf (500 Stück/Jahr) ab Hof

Das Wesenhafte dieser Welt

Wie Eberhard und Margit Holland umsichtig ihre Monokultur gestalten

Still liegt der Teich im Nachmittagslicht. Schilf raschelt im leisen Wind, Bienen schwirren zwischen Seerosen, Schwertlilien und Sumpfdotterblumen umher, Falter, Fliegen und Käfer flattern, sirren und krabbeln – und für einen Moment lässt die Szene vergessen, dass Landwirte, Naturschützer und Wissenschaftler seit Jahren ein massives Artensterben beobachten. Dass diese Beobachtung seit Herbst 2017 durch eine Langzeitstudie gestützt wird: Seit 1989, so Wissenschaftler der Radboud University in Nijmegen, seien in weiten Teilen Mitteleuropas drei Viertel aller Insekten und Insektenarten verschwunden. Die Gründe sind noch nicht valide erforscht, neben dem Klimawandel gelten Pestizide, der Einsatz stickstoffhaltiger Düngemittel und Monokulturen als Ursache.

„Bislang dachten viele Landwirte, sie müssten nur produzieren", sagen Margit und Eberhard Holland. „Doch immer größere Ernten, immer mehr Dünger, immer mehr Pestizide, das funktioniert nicht. Wir alle müssen umdenken. Ohne Artenvielfalt kollabiert unser Ökosystem, ohne Biodiversität überlebt der Mensch nicht." Kies knirscht unter ihren Schuhen. Am Ufer ihres 500 Quadratmeter großen Naturteichs haben sich Dutzende Insekten und Pflanzen angesiedelt, außerdem Wildenten, Schnepfen, Fischreiher, Silberreiher, sogar ein Eisvogel. Gespeist wird der Teich aus Regenwasser und einem hofeigenen Brunnen. Ein Unterwasserdamm trennt den äußeren Ring, in dem Schilf das Wasser filtert, vom inneren, aus dem die Apfelanlagen bewässert werden. Denn gleich hinter dem Haus, hinter Garten und Teich betreiben die Hollands – eine riesige Monokultur.

Apfelbäume bis zum Horizont: 40 Hektar, Zehntausende Bäume, Jahresproduktion: 1.000 bis 1.500 Tonnen. „Im Vergleich zu konventionellen Obstbauern sind wir klein“, sagt Eberhard Holland und läuft mit zielstrebigen Schritten durchs Gras, ein Mann in Kakihosen und kariertem Hemd, schnörkellos und von gesundem Pragmatismus. Die Monokultur, erklärt er, haben sie durchbrochen: Überall hängen Nistkästen, Bioimker haben ihre Bienenvölker in den Anlagen aufgestellt, Hunderte Rosenstöcke wurden gepflanzt, Blühstreifen angelegt, Büsche und Bäume gepflanzt. „In England war ich mal bei einem Bauern, auf dessen Weizenfeldern alte Eichen wuchsen. Er hat sie nicht gefällt, obwohl er immer um die Eichen herumfahren musste und weniger Ertrag hatte. Aber es sah schön aus. Ich denke, Rücksicht sind wir der Natur auch schuldig. Der Mensch braucht Lebensmittel und muss dafür sorgen, dass sie unter verträglichen Bedingungen produziert werden. Wer nur billige Preise akzeptiert, akzeptiert den Raubbau an der Natur. Wer extensiven Landbau will, muss bereit sein, mehr Geld auszugeben.“

Sein Vater Hermann Holland gründete den Betrieb 1934, hielt Kühe und baute als einer der Ersten in der Region Obst an. 1968 schlug ein Blitz ein, Ställe, Scheunen, Wohngebäude brannten nieder. Mit dem Wiederaufbau schaffte die Familie das Vieh ab und setzte nur noch auf Obst. 1969 übernahmen Eberhard Holland und seine Frau Gertraud den Hof, vergrößerten ihn beständig, stellten 1987 eine erste Anlage und

Kraftvolle Blüten, gesunde Obstkulturen: „Das Wichtigste im Bio-Apfelanbau sind die Böden: Guter Geschmack braucht gute Böden." – Ein Grund, warum die Anlagen nur mit eigenem, energetisch aufbereiteten Teichwasser bewässert werden.

1995 den gesamten Betrieb auf bio um, 2000 stieg Tochter Margit ein. Dass heute siebzig Prozent der Apfelbauern in der Gegend ökologisch wirtschaften, daran sind Hollands nicht unschuldig. Als Ende der 1990er-Jahre eine Supermarktkette nach Bioäpfeln fragte – zu einer Zeit, als der Handel bio für eine Mode hielt, etwas, was morgen niemanden mehr interessierte –, erklärte Eberhard Holland auf Bauernversammlungen, warum ökologisches Wirtschaften sehr wohl eine Zukunft habe, ja, schlicht *die* Zukunft sei. Er muss sehr überzeugend gewesen sein: Schon bald stellten die ersten Nachbarn auf einer Fläche von 200 Hektar um.

„Das Wichtigste im Bio-Apfelanbau sind die Böden." Holland deutet auf die weiten Anlagen. „Guter Geschmack braucht gute Böden, das gilt für Äpfel wie für Wein."

„Darum bewässern wir unsere Anlagen mit dem Teichwasser." Margit Holland trägt Jeans und ein apfelrotes T-Shirt, sie wirkt freundlich, offen, zugewandt. Ruhiger als ihr Vater, eine stille Intensität geht von ihr aus. „Das Wasser bereiten wir durch eine Pflanzenkläranlage auf, durch ein Kreislaufsystem, energetische Produkte, Pflanzenextrakte, homöopathische Mittel. Die Schwingungen und Energien, die sich dabei übertragen, gibt das Wasser an die Böden weiter, so werden die Bäume gestärkt. Der Quarzsand am Bachlauf hat außerdem eine hohe Lichtspeicherfähigkeit, er lädt das Wasser mit Licht auf. Auch das Lavagestein, das wir am Teichrand verbaut haben, verbessert Wasser- und Bodenqualität. Das konnten wir mit Kristallbildanalysen nachweisen."

„Außerdem beobachten wir eine hohe Bodenaktivität", bekräftigt Eberhard Holland. „Unsere Böden sind voller Regenwürmer, der Humusgehalt steigt."

Mit der Ausbringung von Dünger sind die Hollands dagegen zurückhaltend, geben ihren Bäumen gerade so viel Nährstoffe, wie diese bei der Obstproduktion verbrauchen. „Wir greifen nicht in die Natur ein – wir stärken die Pflanzen nur." Unkraut regulieren sie mit Striegel und Hacke und einem Krümler. (Als Eberhard Holland dieses Hackgerät 1994 als Prototyp in Südtirol entdeckte, bot er seinem Entwickler jeden Preis: Lange hatte er gegrübelt, wie er Gras, Unkraut, Mäusebefall in den Griff kriegen, seine Jungpflanzen schützen konnte. Kaum zu Hause, montierte er den Krümler vor den Traktor, mähte eine halbe Reihe, sprang ab und rannte ins Haus: Wir stellen um, rief er, wir stellen um! Heureka – wie einst Archimedes in der Badewanne hatte er die Lösung für das letzte Hindernis auf dem Weg zum Bioobstanbau gefunden.) Auch beim Pflanzenschutz setzt die Familie auf die Widerstandsfähigkeit ihrer Bäume, bringt bei Bedarf Neemöl aus, Gesteinsmehl, Knoblauch- oder Quassia-Holz-Extrakt. Sie toleriert Schädlinge, um Nützlinge anzulocken. Das sei, räumt Eberhard Holland lachend ein, manchmal eine Frage der Nerven. „Kurz nachdem wir umgestellt hatten, hatte ich einen Obstbaubetrieb in den USA besucht, und als ich zurückkam, waren unsere Apfelbäume voller Läuse. Blattläuse, Blutläuse, Mil-li-on-en von Läusen! Jetzt musst du spritzen, dachte ich." Er bezwang seinen Impuls. Wartete. Nach vier, fünf Tagen waren alle Läuse weg – die Nützlinge hatten sie gefressen. „Wir Biobauern sind angehalten abzuwarten, aber wer keine Geduld hat, wird verrückt."

Margit Holland schmunzelt bei der Erinnerung. Und erklärt: „Entscheidend bei der Boden- und Pflanzenpflege sind aber nicht die einzelnen Methoden. Entscheidend ist die Gesamtheit, das Ineinandergreifen, denn Bäumen geht es wie Menschen: Nur wer sich rundum wohlfühlt, bringt gute Leistung."

Auf ihrem Gut bauen die Hollands hauptsächlich Tafelobst an. Sie liefern es an die Baywa Obst in Ravensburg, dort werden die Äpfel sortiert, ein Teil geht als Biotafelobst an VonHier, ein Teil an VonHier-Verarbeitungsbetriebe, die Obstler herstellen und Apfelchips. Hollands Hauptsorten sind der süß-säuerliche Bio-Topaz und der feinsäuerliche Bio-Santana, beide resistent gegen Schorf, den Hauptkrankheitserreger im Bioapfelanbau. Befällt der Pilz eine Anlage – und im feucht-warmen Bodenseeklima ist das Risiko sehr groß –, ist er kaum zu bekämpfen, zumal Bioobstbauern keine chemisch-synthetischen Fungizide zur prophylaktischen Schädlingsbekämpfung einsetzen. Die Folge sind Qualitätseinbußen und Ernteausfälle. Seit Jahrzehnten arbeiten Wissenschaftler an der Entwicklung schorfresistenter Sorten, doch das Verfahren ist kompliziert, und weil Äpfel eine lange Juvenilphase haben, es Jahre dauert, bis sie sich fortpflanzen, auch sehr zeitaufwendig. „Außerdem schmecken die meisten resistenten Sorten so sauer, dass nicht einmal schwangere Frauen sie essen mögen." Eberhard Holland verzieht das Gesicht.

„Darum war der Topaz für uns ein großer Glücksfall." Mit einer fließenden Geste wischt Margit Holland über den Tisch, ihre Augen weiten sich ein wenig – und dann erzählt sie die Geschichte:

Weil es seinerzeit in der Tschechoslowakei an Geld für den Einsatz von Spritzmitteln mangelte, bekam ein Team um den Forscher Jaroslav Tupý am Institut für experimentelle Botanik der Universität Prag den Auftrag, eine schorfresistente Apfelsorte zu züchten. In einer normalen Kreuzungszüchtung kreuzten sie die alten Apfelsorten Vanda und Rubin, nutzten ihr genetisches Potenzial, die Robustheit, die sie vom Wildapfel geerbt hatten. 1984 präsentierten sie den Topaz: einen

Saftig, aromatisch, knackig – Margit und Eberhard Holland mit „ihrem" Topaz: „Das hat es noch nie gegeben! Kein Apfel hatte je eine so schnelle Marktdurchdringung." Der Erfolg lag damals vor allem in der Schorfresistenz.

widerstandsfähigen Apfel, der auch schmeckte, nicht von perfektem, aber von passablem Aussehen war, dazu robust, ertragreich und gut lagerfähig. Trotzdem wurde er nur in kleinen Mengen angebaut, denn neben der Entwicklung einer neuen Sorte ist auch ihre Markteinführung aufwendig. Ende der 1990er-Jahre entdeckte Eberhard Holland den Topaz in einer Baumschule in Österreich. Sein Geschmack überzeugte die Familie sofort. Und Margit Holland, die damals an der Fachhochschule Weihenstephan Agrarmarketing und Management studierte, beschloss, im Rahmen ihrer Diplomarbeit Geschmackstests durchzuführen. Dabei lag der Topaz gleichauf mit dem beliebten Elstar.

„Wenn der so gut ankommt", sagt Eberhard Holland und in seiner Stimme schwingt immer noch Aufregung mit, „wenn dieser Topaz so gut ankommt, dachte ich, muss es mit dem Teufel zugehen, wenn das kein Erfolg wird."

Er rief in der Biobaumschule an und bestellte 25.000 veredelte Bäume.

Nun wurden auch andere Obstbauern auf den neuen Apfel aufmerksam. Unterdessen entwickelte Margit Holland ein Marketingkonzept und 2001 stellten die Hollands ihre neue Sorte auf der *Biofach* vor, der weltweit größten Messe für ökologisch produzierte Lebensmittel. Kurz darauf erschien ein Interview mit Margit Holland im auflagenstarken Naturkost-Magazin *Schrot und Korn*. Jetzt begannen auch Verbraucher, nach dem Topaz zu fragen – und Hollands waren die Ersten, die ihn in großen Mengen liefern konnten. Professor Tupý reiste eigens von Prag nach Bonhausen, neugierig, wer seinen Apfel so vehement vermarktete. „Drei Jahre später rief dann ein Discounter an." Eberhard Hol-lands Stimme wird immer lauter. „Das hat's noch nie gegeben! Kein Apfel hatte je eine so schnelle Marktdurchdringung." Spätestens jetzt war der Topaz Standard im Biosortiment. Eberhard Holland beugt sich vor, sagt mit entschlossener Stimme: „Das Marketing war für mich immer so wichtig wie der Anbau."

Doch der Schorfpilz ist anpassungsfähig und 2014 wurde die Resistenz des Topaz am Bodensee durchbrochen. Seither reduziert die Familie seinen Anbau, sucht nach anderen Sorten. Und stößt dabei auf ein altes Problem: Denn die Züchtung hat nicht nur zu einem Verlust an Geschmacksvielfalt, sondern auch zu einer genetischen Verarmung bei Obstgehölzen geführt. Nahezu alle neuen Sorten stammen von wenigen hochwertigen, aber anfälligen Sorten ab, sodass neue resistente Sorten zwar besser schmecken und anzubauen sind, ihre Anfälligkeit gegen Krankheiten aber ebenfalls gestiegen ist. Was wiederum einen stärkeren Einsatz von

Natur und Kultur, Mensch und Arbeit, Bauern und Gastarbeiter: „Entscheidend ist die Gesamtheit, das Ineinandergreifen, denn Bäumen geht es wie Menschen: Nur wer sich rundum wohlfühlt, bringt gute Leistung."

Pflanzenschutzmitteln nach sich zieht. Helfen könnte die Einkreuzung alter Arten, die Nutzung ihrer genetischen Vielfalt, ihrer Vitalität. Doch der Genpool verringert sich; aus vielerlei Gründen, ökonomischen, veränderten Lebensgewohnheiten, Ansprüchen des Lebensmitteleinzelhandels und der Verbraucher. Zählte man vor hundert Jahren weit über tausend dokumentierte Apfelsorten, gibt es heute im konventionellen und im Biobereich zwar auch zahlreiche Züchtungen – doch die große Mehrheit sind Nachfahren jener Handvoll Stammsorten des heutigen Obstbaus. Im Lebensmitteleinzelhandel landen am Ende gerade einmal fünfzehn bis zwanzig gängige Sorten.

Eberhard Holland ist in seinem Leben als Apfelbauer weit herumgekommen. Er war in Kasachstan, der Heimat des Urapfels, besuchte in Nepal ein Versuchsgut auf 3.000 Meter Höhe, baute in Brasilien mit einem deutschen Professor und einem brasilianischen Apfelpionier eine 100 Hektar große Plantage auf. In Südamerika wurde auch sein Interesse an Wasser geweckt.

„Unser Körper besteht zu siebzig Prozent aus Wasser. Wasser sollte das allererste Produkt sein, das man in guter Qualität zu sich nimmt." Wobei, fügt er hinzu, jeder Mensch anders sei und energetisch nicht jedes Wasser zu jedem passe, das eine gesund, das andere krank machen könne. Das könne er inzwischen mit der Rute austesten. Ebenso wie er mit der Rute Wasseradern suche. Wasser ist längst Hollands Herzensthema geworden. Allerdings trage er das nicht vor sich her, sagt er. Über solche Dinge könne man nicht mit jedem reden und er wolle nicht in irgendeine esoterische Ecke gestellt werden.

„Wenn mein Vater allerdings mit der Rute losgeht, sagt, in 86 Meter Tiefe kommen 2,6 Sekundenliter, und der Brunnenbohrer beginnt mit der Arbeit und stößt in 87 Meter Tiefe auf Wasser, dann sind die lautesten Kritiker plötzlich still." In Margit Hollands Stimme schwingt Zufriedenheit. Sie sucht den Blick ihres Vaters; wie zwei Verbündete sehen sie sich an. Da öffnet sich hinter ihr eine Tür – ihre Tochter kommt herein. Stellt sich neben sie an den Tisch, hört zu, schiebt sich auf ihren Schoß.

„Wichtig ist", sagt Eberhard Holland und nickt seiner Enkelin zu, „dass *ich* von dem, was ich tue, überzeugt bin. Ich habe unseren Betrieb schon immer auch aus dem Bauch heraus geführt. Ich finde, man sollte zulassen, dass es Dinge gibt, bei denen der Kopf sagt: So ein Quatsch!"

Wie der Vater Quellen erspürt, erspürt die Tochter Orte. Nach ihrem Studium absolvierte Margit Holland eine Geomantie-Ausbildung; Geomantie in ihrer modernen Definition ist eine Art Feng-Shui für Landschaften. „Ich erfasse Orte, Lebensräume, ihre Seele, ihren Geist, ihre Schwingungen und Energien, denen man biologische Wirkungen zuordnen kann. Und dieses Wissen lasse ich in den Betrieb einfließen." So stellte sie, um auf dem Gut Landwirtschaft und Natur, Ort und Mensch in Einklang zu bringen, Steine an Punkten auf, an denen sie den Energiefluss anregen können, ähnlich wie Akupunkturnadeln an bestimmten Punkten der Meridiane. Sie meißelte Kosmogramme in Steine, pflanzte Bäume und sorgte dafür, dass alte nicht gefällt wurden, damit diese ihre Weisheit an jüngere, rangniedere Wesen weitergeben können. „Die Erde ist ein lebendiges Wesen. Wir können das Wesenhafte der Natur ignorieren, ihre Weisheit missachten. Wir können beides aber auch nutzen, uns darauf einlassen und ein tieferes Verständnis für unsere Umgebung bekommen."

Dass die Gratwanderung zwischen wissenschaftlich Belegbarem und nicht Belegbarem, die Verbindung von moderner Arbeitsweise und ganzheitlichem Denken gut funktionieren kann, zeigt der Erfolg der Hollands.

Blickfang, Kunst, einfach drei Steine … eine Art Feng-Shui für Landschaften: Margit Holland ist Geomantie-Expertin und gestaltete Elemente am Hof, die den Energiefluss anregen.

Still liegt der Teich im späten Licht. Schilf und Schwertlilien, Wollgras, Blutweiderich, Baldrian, Schachtelhalme und Akeleien spiegeln sich auf der Wasseroberfläche und die Sonne überzieht alles mit goldenem Schimmer. Nur das Brummen und Sirren, das Flattern und Rascheln unterbricht die Stille. Die Apfelbäume tragen in diesem Jahr kaum Früchte – später Frost im Frühling hat in der gesamten Bodenseeregion die Ernte zerstört. Ein Verlust, den Hollands mit Rücklagen auffangen müssen. Im Herbst werden heuer nur vier Erntehelfer im Einsatz sein. Üblicherweise kommen dreißig Frauen und Männer aus Polen, jedes Jahr dieselben, man kennt sich, weiß, was man aneinander hat. 2014 haben die Hollands ihnen ein Haus auf dem Gut gebaut. Der gute Umgang mit den Wesen – er fängt bei den Menschen an und hört bei den Bäumen nicht auf.

Draußen rennen Margit Hollands Söhne über die Wiese zum Teich und flugs rutscht ihre Tochter von ihrem Schoß, läuft den Brüdern hinterher. Mit ihrem Mann wollte sie das Gut übernehmen und weiterführen; dann starb Rainer Holland 2010 bei einem Autounfall. Inzwischen hat die Familie einen Verwalter angestellt, einen langjährigen Mitarbeiter. „Vielleicht hat eines der Kinder Interesse, den Betrieb einmal zu übernehmen." Margit Hollands Blick schweift über die spielenden Kinder, den Teich, die Apfelanlagen. „Dieser Ort", sagt sie, „ist etwas Besonderes."

Eberhard Holland nickt.

„Wahrscheinlich bin ich, anders als meine Geschwister, deswegen auch nicht fortgegangen. Land gehört einem im Prinzip ja nicht – wir dürfen es pflegen, damit es uns ernährt. Doch ich möchte, dass dieses Land in unserer Obhut bleibt." Margit Holland steht auf, geht zur Tür. Dreht sich dann um und sucht noch einmal den Blick ihres Vaters. „Unsere Apfelbäume", sagt sie, „sind Wesen, auf die man achten muss, damit sie sich wohlfühlen." (SE)

Kurz und wichtig

- Seit 1989 sind in weiten Teilen Mitteleuropas drei Viertel aller Insekten und Insektenarten verschwunden. Als Ursache gelten neben dem Klimawandel Pestizide, der Einsatz stickstoffhaltiger Düngemittel und Monokulturen. Familie Holland zeigt auf ihrem Obstgut, dass Monokulturen nicht zwangsläufig zu Artenverlust führen müssen: Überall hängen Nistkästen, Bioimker haben ihre Bienenvölker aufgestellt, Hunderte Rosenstöcke wurden gepflanzt, Blühstreifen angelegt, Büsche und Bäume neu gepflanzt und alte Bäume nicht gefällt.
- Das Wichtigste im Apfelanbau sind gute Böden, sagen die Hollands und pflegen ihre durch eine Vielzahl von Maßnahmen. Unter anderem bewässern sie die Anlagen mit Wasser aus zwei Naturteichen, das speziell aufbereitet wurde, mittels einer Pflanzenkläranlage, einem Kreislaufsystem, energetischen Produkten, Pflanzenextrakten, homöopathischen Mitteln, Quarzsand und Lavagestein.
- Die energetische Wirkung von Wasser ist Eberhard Hollands Herzensthema. Margit Holland bringt ihr Wissen um die Geomantie in den Betrieb ein. Vater und Tochter arbeiten nach der Philosophie, dass in der Natur und im Leben stets alles mit allem zusammenhängt.
- Ende der 1990er-Jahre führten die Hollands den Topaz auf dem deutschen Markt ein. Eine Apfelsorte, die gut schmeckt und schnell zum Standard im Biosortiment wurde. Und die wegen ihrer Schorfresistenz bei Bioobstbauern beliebt ist, weil diese keine chemisch-synthetischen Fungizide einsetzen, um die weitverbreitete Pilzkrankheit Schorf zu bekämpfen.

Eberhard & Margit Holland GbR

Bonhausen 3, 88213 Ravensburg/Bavendorf (Oberschwaben)

Familienbetrieb im Vollerwerb – biozertifiziert seit 1987 – Anbauverband: Naturland

Betriebsorganisation
Obstbaubetrieb: Anbau und Vermarktung von Bioäpfeln

Landwirtschaftliche Nutzfläche
40 ha, nur Anbauflächen für Bioäpfel, mit Teichen

Gebäude
Ländliches Wohnhaus
Lagerräume (in CA-Ausführung) für 700 t Äpfel
Neu erbautes Wohngebäude für die Saisonarbeitskräfte

Arbeitskräfte
2 Familien-AK, 2 Fremd-AK, 20–30 Saisonarbeitskräfte

Maschinen
3 Spezialschlepper für Obstbau, Krümler (3 verschiedene Arten), Mulchgeräte, 2 selbstfahrende Arbeitsbühnen, 8 Erntezüge mit Altschleppern (Oldtimer), 2 Transportwagen

Energiebereitstellung
Alle Dächer sind mit Photovoltaik-Elementen belegt, insgesamt 84 kWh.

Vermarktung
Alle Bioäpfel gehen an die BayWa-Obst GmbH & Co. KG in Ravensburg, dort werden sie sortiert, anschließend geht ein Teil als Tafelobst an die Marke VonHier, ein Teil an VH-Verarbeitungsbetriebe, die Obstler und Apfelchips herstellen.

Ideenschmiede im Bregenzer Wald

Gelebte Partnerschaft statt „immer größer und immer mehr“

Ein Anruf kündigt die Lieferung an. Schnell zieht Bertram Martin die grüne Jacke mit dem Hoflogo über, schlüpft in die festen Arbeitsschuhe und stapft die Straße hoch: dem Transporter entgegen, der gerade in die Hofzufahrt einbiegt. Vorfreude schwingt mit, auch etwas Spannung, als der Biobauer vom Fahrer die Ladung entgegennimmt: drei Paletten einer Nährsubstanz, die Bertram speziell für seinen Hühnerstall bestellt hat. „Es ist das erste Mal, dass das kommt; wir probieren es aus."

Ausprobieren, Neues aufgreifen – und doch im Traditionellen, Bodenständigen verhaftet sein, das macht das Wesen und den Erfolg des Martinshofes in Buch aus.

In der 592 Einwohner zählenden Gemeinde im österreichischen Vorarlberg kennt jeder jeden und der Hof der Martins liegt auf einem Plateau, das von der Ortsdurchfahrt her gut einsehbar ist. Und so wollte die Familie von Anbeginn eine Landwirtschaft betreiben, die „g'hörig" ist, die sich jeder anschauen kann. „Einen Hof, wo die Leute sagen, ‚Das ist ok für mich."‹ Wobei Bertram Martin und seine Frau Claudia sich bewusst sind, dass ihre Vorstellung von „g'hörig“ sehr hohen Ansprüchen erwächst. Die schlanke Bäuerin schiebt eine Strähne ihres kastanienbraunen Haars hinters Ohr und lacht unbefangen: „Wir meinen oft, die ganze Welt denkt wie wir. Dabei ziehen wir nur die Leute an, die auch so sind!“

Die eben gelieferte Nährsubstanz lässt Bertram Martin sich gerade auf der Zunge zergehen. Alle drei Paletten stehen mittlerweile an der Rückwand des Kuhstalls, direkt neben dem bunten Blühstreifen, der fast alle Gebäude am Hof umgibt und der an diesem sonnendurchfluteten Vormittag im Oktober noch viele Insekten anzieht. Einen der oben liegenden Säcke hat der Landwirt geöffnet, ist flach mit der Hand in das weiße Pulver gefahren und begutachtet es nun: erst mit einem prüfenden Blick, dann mit der Nase. Gerade schmilzt eine Prise auf seiner Zungenspitze. „Das ist feiner als Steinmehl.“ Es riecht nach ätherischen Ölen und Kräutern, der Geschmack erinnert an Kreide ... mit Pfefferminz. „Wenn ich den Boden im Hühnerstall damit behandele, ändern sich der ph-Wert und die Lebensbedingungen für viele Mikroorganismen“, erläutert Martin. „Das trocknet Milben aus und tötet bestimmte Bakterien – aber andere, die für unsere Hühner wichtig sind, die können sich dann besser vermehren.“

Derart umsichtig und tiefgründig setzt das Ehepaar sich wohl mit jedem Thema auseinander, das in seinem beruflichen und privaten Alltag vorkommt: von der Einstreu im Hühnerstall über die Tragweite der täglichen Arbeit am Hof, bis zur regionalen Entwicklung Vorarlbergs und auch der Politlandschaft, in welche die beiden kleinen Töchter einst hineinwachsen. „Es ist ein Glück, wenn man im Alltag ein bissl mehr Zeit hat.“ Claudia Martin holt tief Luft, legt die Lippen aufeinander und wiegt nachdenklich den Kopf. „Wir haben die Zeit, uns zu hinterfragen.“ Immerhin geht es um die Lebenswelt der Martins: eine Heimat, in die sie nicht einfach hineingewachsen sind, sondern eine, für die sie besondere Verantwortung empfinden: „Wir gestalten an unserem Platz, mit unseren Talenten, mit an der Welt von morgen. Das ist unsere Aufgabe und diesen Weg gehen wir Tag für Tag ein Stück."

Dabei hat alles ganz unbedarft angefangen. „Das war Anfang der 1990er-Jahre“, erinnert sich Bertram Martin. „Ich wusste, dass ich den Hof übernehme. Aber was ich damit mache, das war offen.“ Die Familie überlegte und diskutierte, suchte Perspektiven, wägte ab – und fand eine Lösung. Der Senior würde seine geliebten Kühe behalten und weiter als Milchbauer aktiv sein, der Junior hingegen wollte sich an einer Marktnische probieren: Freilandeier. „Damals war alles voll Käfig. Wo man hinkam, die Hühner waren eingesperrt. Mein Thema war Freiheit. Ich wollte, dass die Tiere draußen sein können, sich frei bewegen können.“ Mit dieser Entscheidung begann das Reisen: In „halb Europa“ sah der damals 22-Jährige sich Ställe an und überlegte „unendlich lang“, wie die Tiere es bei ihm gut haben würden. 1995 baute er. Mit Holz aus dem eigenen Wald, mit viel Platz im Stall, mit einem großzügigen Wintergarten auf der Sonnenseite und mit 3,5 Hektar Auslauf im Freien. Seine Vorstellungen von Freilandhaltung, so erfuhr Bertram Martin Jahre später, entsprachen schon damals den Öko-Richtlinien. Erst 2008 ließ er seinen Betrieb von Bio-Austria zertifizieren.

So richtig hoch steigt die Sonne an diesem Herbsttag nicht mehr; die vielen Bäume am Hof werfen selbst am späten Vormittag noch lange Schatten. Aber die Strahlen haben Kraft und locken die Hennen ins Freie. Schlank ragen junge Pappeln in den Himmel; im Schutz ihrer – vom Herbstwind schon entlaubten – Kronen streifen die Tiere in Grüppchen umher. Sie picken, scharren und plaudern. „Wir sagen, sie singen“, beschreibt Bertram Martin dieses ruhige, beinahe melodische Glucksen. „Das ist ein gutes Zeichen.“ Wäre die Herde nicht ruhig, dann würde etwas nicht stimmen. Keine Hektik, kein Lärm, obwohl am Hof 2.600 Hennen leben. Die Tiere sind neugierig und zutraulich, ihr Gefieder zeigt sich dicht und glänzend, der Gang aufrecht, die Augen wachsam. „Selbst Schnee macht ihnen nichts. Erst ab zehn Zentimetern trauen sie sich nicht mehr so.“

Die Martins und ihre Mitarbeiter führen täglich mindestens sechs Kontrollgänge durch, etwa fünf Stunden Arbeit fallen pro Tag im Stall an. „Wir schauen den Hennen zu“, sagt Bertram Martin. Dann schweigt er, während sein Blick über die belebten Wiesen und Sandplätze schweift. Mit diesem einen Satz hat er ohnehin alles gesagt. Der Fachmann und seine Mannschaft kennen die Herde, die Stimmung, das Verhalten der Tiere zu verschiedenen Tageszeiten. Die kleinsten Veränderungen würden ihnen auffallen. „Das ist wichtig, da wir keine Antibiotika einsetzen.“ So können die Experten eingreifen, lange bevor aus Unwohlsein Krankheiten werden oder Schädlinge sich ausbreiten.

Gerade schiebt Bertram Martin die Tür zum Wohnhaus auf: modernes Design, helles Tannenholz. „Das alles haben wir aus eigenem Wald gebaut“. Ein Niedrigenergiehaus, ganz im Stil der neuen Wälder Holzbau-Architektur, die mittlerweile von Vorarlberg aus Europa inspiriert. 70 Kubikmeter Holz. Schmunzelnd rechnet der Bauherr: „Ein Drittel des Hauses wächst jedes Jahr in unserem Wald nach.“

Links vom Korridor geht es in den Wohnbereich, während Bertram nach rechts ins Büro abbiegt. Termine sind zu

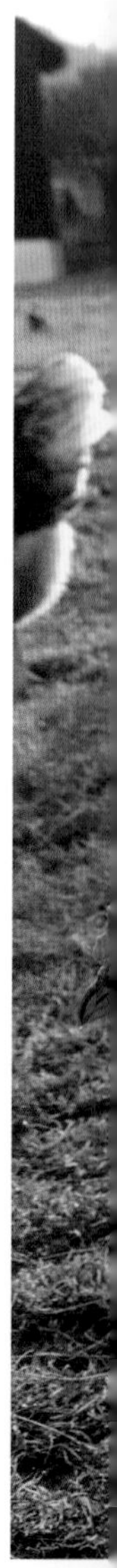

prüfen, Anrufe zu erledigen, einige Details für den Nachmittag zu klären. Es duftet nach frisch gebrühtem Kaffee und durch die hohen Fenster drängt das Tageslicht in den Raum. Der Hausherr lässt sich am Besprechungstisch nieder, stützt die Ellenbogen auf undbeginnt, seinen Kaffee zu trinken.

„Das mit den Freilandeiern hat damals gut funktioniert, die Nachfrage war groß." So groß, dass der junge Hühnerhalter bald über einen neuen Stall nachdenken musste. Das tat er und entwickelte ein ungewöhnliches, doch bis heute erfolgreiches Konzept. „Ich wollte nicht wachsen und den Hof vergrößern." Deshalb sprach Bertram Martin einen seiner Mitarbeiter an: Ob dieser als Partner einen Stall bauen wollte und Eier nach Martinshof-Richtlinien produzieren würde. Markus Stadelmann willigte ein – und war 1997 der erste von inzwischen fünf Hühnerhaltern, die den Martinshof im Gemeinschaftssystem beliefern. „Unsere Partner sind Nach-

Bertram Martin sah seine Zukunft nicht in der Milchviehhaltung, sondern im Geflügel. Das wichtigste Ziel der Familie: eine Landwirtschaft betreiben, die „g'hörig" ist, die allen gefällt – tiergerecht und nachhaltig.

Die Mischungen enthalten immer auch Soja, weil die Hennen viel Eiweiß brauchen. Aber anders als in der Hühnerhaltung üblich, fügen Martinshof-Bauern nur zehn bis fünfzehn statt fünfundzwanzig Prozent Sojaschrot hinzu. „Vieles davon aus Österreich – und garantiert nichts von Übersee!", hebt der Landwirt hervor. „Wir wollen nicht, dass wegen uns Urwälder gerodet, Menschen ausgebeutet und Böden zerstört werden." Die Familie macht sich Gedanken, denn die meisten Sojaprodukte kommen von weit her und stammen zum großen Teil von gentechnisch veränderten Pflanzen; aus Ländern, in denen der Umwelt- und Naturschutz, wie auch faire Lebens- und Arbeitsbedingungen nur zu oft wirtschaftlichen Interessen geopfert werden.

„Über das alles reden wir natürlich auch mit unseren Partnern." Claudia setzt sich zu ihrem Mann an den langen Besprechungstisch im Büro, lehnt sich zurück und nimmt ebenfalls einen Schluck dampfenden Kaffees. „Es ist nicht selbstverständlich, dass unsere Bauern so kompromisslos unseren Richtlinien folgen." In ihrer Stimme liegt Wertschätzung. In den vielen Gesprächen, in jedem kleinen Austausch, zeige sich, dass Martins in ihren Partnern Gleichgesinnte gefunden haben. „Wir schaffen gemeinsam: Wir gestalten etwas und wir können auch wirklich etwas erreichen. Es ist total schön, wenn man merkt, dass man Großes bewegen kann."

Ende der 1990er-Jahre allerdings, als es gerade losging mit den Partnern und der zusätzlichen Produktion, galt es, noch ein Problem zu lösen: „Im Sommer grillen die Men-

Aus ihrer Milchviehherde machten Martins eine Mutterkuhherde. Dadurch können sie die Grün- und Alpflächen ihres Betriebes optimal nutzen, Arbeit sparen und Fleisch vom Heurind erzeugen - eine gefragte Delikatesse.

Inmitten der Berge des Bregenzer Waldes steht der traditionelle Martinshof (links) und, daneben, das neue Wohnhaus mit der Produktionsstätte. Der Betrieb liegt 50 Kilometer Luftlinie von Kempten entfernt, also innerhalb des Von-Hier-Kreises.

barn und gute Kollegen; klasse Bauern, die Milchkühe halten, aber oft ohne weiteres Standbein nicht überleben könnten." Anstatt ihr Einkommen mit einem Nebenerwerb abzusichern, konzentrieren sie sich nun voll auf die Landwirtschaft: Sie melken ihre Kühe und halten Freilandhühner im Martinshof-Stil.

Eine Familie arbeitet wie die Martins ökologisch. Doch der Unterschied zwischen Freiland- und Öko-Haltung liege einzig in der Fütterung, betont Fachmann Martin. „Alle Hennen bekommen ein top Futter, frei von Gentechnik. Bei den Biobetrieben ist's halt zusätzlich öko-zertifiziert. Ansonsten... Haltung, Ställe, Auslaufflächen – das ist bei allen unseren Betrieben bio-konform."

So sieht wahre Partnerschaft aus: Die Bauern können selbst entscheiden, ob sie bio anbauen oder nicht, und der Preis für ihre Arbeit orientiert sich nicht am Markt. Er basiert vielmehr auf Kontinuität, Engagement und Vertrauen.

schen …" – und brauchen nicht annähernd so viele Eier wie zu Ostern oder Weihnachten. Während also einerseits die Nachfrage endlich gestillt werden konnte, blieb an manchen Tagen bis zu einem Drittel der Produktion übrig.

„So entstand die Idee, daraus Nudeln zu machen", erzählt Bertram Martin. Anfangs experimentierte die Familie mit einer Tischpresse, und als Freunde, Kollegen und später die ersten Kunden wachsenden Appetit zeigten, investierte die Mannschaft in eine größere Nudelpresse, schließlich 2001 in eine professionelle Anlage: eine „Nudelstraße" mit Teigmischer, Formgebung, Nudeltrocknung, … bis zum Abpacken der fertigen Teigwaren. „Wenn an einem Tag 4.000 Eier übrig sind, starten wir die Produktion." Das passiert etwa hundertfünfzigmal im Jahr und erfordert mittlerweile die Hilfe von zehn Mitarbeitern.

„Mama…?" Magdalena schiebt die Bürotür auf, steckt den Kopf durch den Spalt und lugt ins Büro. Ein verschmitztes Grinsen liegt auf den Lippen der Sechsjährigen. „Mama, dürfen wir Marianderl und Mira besuchen?" Sie meint die beiden Montafoner Steinschafe, die drüben im Stall bei den Rindern leben. Jetzt linst auch Luise um die Ecke, die runden Bäckchen der kleinen Schwester leuchten vor Aufregung, die nussbraunen Zöpfe wippen. „Ich auch!" Einen Moment lang verhandeln die beiden noch mit ihrer Mutter, was an diesem Tag das richtige Schuhwerk sei, dann laufen sie kichernd in den Hausgang, streifen plappernd ihre Gummistiefel über und

Was tun mit den Eiern, wenn nach Ostern zu viele übrig bleiben? Dinkelnudeln herstellen! Ein voller Erfolg: Die Produktion hat sich verfielfacht und inzwischen liefern 60 Dinkelbauern ihr Getreide an den Martinshof.

kurz darauf schlägt die Tür ins Schloss. Claudia schmunzelt. „Morgen kommt Männerbesuch und wir hoffen, dass es im Frühjahr Lämmer gibt."

Inzwischen ist auch Bertram am Aufbrechen. Er will im Dinkellager etwas nachsehen, dann weiter zu den Viehweiden hinterm Haus. „Der Dinkel ..." Der Bauer hält im Korridor inne und schlüpft in die Holzclogs mit dem Fellrücken – „Hölzlar" heißen sie in Vorarlberg. „Der Dinkel kam mit den Nudeln: Wir wollten unbedingt regionales Getreide verarbeiten." Den Hartweizengrieß bezog der Martinshof zwar schon damals von einer Mühle in Vorarlberg. „Aber der kommt nicht aus der Region." Weizen gedeiht hier nicht, die Bedingungen sind zu rau: die Böden karg, die Tage oft kalt und feucht, die Wetterumschwünge ruppig. So entdeckte der Landwirt den Dinkel wieder, ein robustes, anspruchsloses und doch gehaltvolles Getreide. „Der wuchs hier schon vor über hundert Jahren, wurde dann aber vom Mais verdrängt."

Mit seinem Konzept der Partnerbetriebe wollte der Landwirt weitere Vorarlberger Kollegen überzeugen: Würden sie für ihn Dinkel anbauen? Der allgemeine Zeitgeist brachte ohnehin gerade eine Renaissance des Urgetreides und auch die starke Zunahme der Maisschädlinge im Vorarlberger Rheintal schien die Situation für den umtriebigen Bauern zu vereinfachen. „Allerdings haben sich nur vier Betriebe gemeldet."

Der Enthusiast ließ sich nicht beirren und so startete 2003 die neu geschaffene Allianz mit dem Dinkelanbau. „Genau wie bei den Hühnerhaltern: Wir arbeiten auf Augenhöhe zusammen." Das bedeutet, Familie Martin erwartet zwar viel von ihren Partnern – die aber kommen, weil sie genau das leisten wollen.

Zum Beispiel können die Landwirte frei entscheiden, ob sie bio anbauen oder nicht. „Aber auch nicht-bio ist bei uns ungespritzt." Keine Agro-Chemie lautet die Vorgabe. Und noch etwas ist geregelt: „Unsere Partner kaufen das Saatgut bei uns." Von der Vorbereitung bis zur Einfuhr: Der Martinshof betreut die Ackerflächen, organisiert den Drusch und die Ernte – der Dinkel kommt ins 2011 gebaute Lager, die Dinkelspelzen in die Tenne als Einstreu für die Legenester und etwas für die Ställe. Dabei gilt: Egal wie die Ernte ausfällt, die Bauern erhalten einen Lohn, der ihre Mühen und ihr Vertrauen honoriert: „Wir zahlen unabhängig vom Markt", sagt der Vorarlberger Dinkelpionier. „Fair Trade, das ist nicht nur Südamerika, sondern auch hier vor der Tür."

Wie bei den Hühnerhaltern ging die Rechnung auf. Heute bauen etwa sechzig Vorarlberger Landwirte Dinkel für den Martinshof an: auf etwa 145 Hektar Fläche, verteilt über etwa neunzig Felder. Die Ernte 2017 brachte um die 450 Tonnen Getreide, das komplett in die hofeigene Körner-, Mehl- und Nudelproduktion ging: „Zweiundsiebzig Traktoren mit Anhänger". Angebaut wird Oberkulmer Rotkorn, eine alte Dinkelsorte, die nicht mit Weizen gekreuzt ist.

Jetzt streift sich auch Claudia festes Schuhwerk über, schließt den Reißverschluss ihrer Windjacke und verlässt das Haus. „Bis zum Abend lassen wir die Rinder raus." Die Tiere drängen bereits in die Sonne: Im Laufhof, der direkt vom Stall zugänglich ist, gibt es keinen freien Platz mehr, und kaum öffnet die Bäuerin das Gatter, läuft die Herde los und rennt Richtung Weide. Das Läuten der Schellen überschlägt sich, so eilig haben es die Tiere. Claudia folgt mit dem Hirtenstab und schaut, dass alle beieinander bleiben. Doch schon ist eines der älteren Kälber unter der Absperrung hindurch und rennt zu den anderen „Halbstarken", die schon eher auf die Wiese durften. Jetzt eilen sie den Hang hinab, springen umher und tollen ausgelassen. „So übermütig...", murmelt Claudia, während sie die anderen Rinder sicher zur oberen Weide führt, wo ihr Mann dann den Zaun schließt.

Aus der Milchviehherde von Bertrams Vater haben die beiden 2012 eine Mutterkuhherde gemacht. Claudias Augen leuchten, wenn sie von Alpauftrieb und Alpabtrieb erzählt, vom Leben mit den Tieren und davon, wie der Senior einst mit seinen Kühen umging. „Was hat er nicht alles getan, damit die Tiere es fein haben!" Er galt als Kuhflüsterer, als der, den die Bauern am Ort fragten, bevor sie den Tierarzt riefen. „Wir konnten da nicht einfach aufhören. Auch wenn wir mit allem anderen wirklich genug Arbeit haben." So entschied sich das Paar, die etwa zwanzig Kühe nicht mehr zu melken, was weniger Aufwand bedeutet. Seither bleiben die Kälber bei ihren Müttern, gehen mit auf die Weide – und wachsen zu stattlichen Jungtieren heran, die im Alter von etwa zwei Jahren als Fleischrinder vermarktet werden. „Als Heurinder, um genau zu sein." Keine Silage, kein Kraftfutter. Die Tiere erhalten nur das frische Grün der Weiden und duftendes, kräuterreiches Heu. „Die sinnvollste Bewirtschaftung für unsere Flächen", resümiert Claudia. 25 Hektar gehören zum Betrieb und werden rein als Grünland genutzt.

Die Kühe – Original Montafoner Braunvieh – und ihr Nachwuchs – die Rasse Blonde d'Aquitaine wird eingekreuzt – kommen gut mit dem Leben in Vorarlberg klar; die Zucht ist robust und genügsam. Von April bis Mitte September lebt die Herde in den Bergen: Ein Teil auf einer Alpe am Faschinapass etwa 40 Kilometer vom Hof entfernt, die anderen etwa dreißig Tiere auf dem Diesner Berg im Naturschutzgebiet Gadental, mitten im Biosphärenpark Großes Walsertal, auf etwa 1.800 Metern Höhe. „Es gibt keine Zufahrt, da müssen wir gute drei Stunden laufen!" Die Bäuerin lacht und schüttelt schnaufend den Kopf. „Die Tiere kennen den Weg, sie rennen los – und wir hinterher!" Seinerzeit waren Martins die einzigen, die sich auf die Zeitungsannonce des Älplers gemeldet hatten. Niemand sonst zeigte Interesse. „Der Weg ist beschwerlich, ja ... Aber wenn der Älpler das nicht macht, wächst die Alpe zu und die Kulturlandschaft geht verloren." Ein Gewinn für alle: für die Rinder, die viel Freiheit erleben, für die Bergwelt der Alpe, die in ihrer Einzigartigkeit bewahrt bleibt, und für die Martinshof-Kunden, die ein besonderes Fleisch erhalten.

Hofladen und Lieferwagen – mit eigenem Logo. Martins vermarkten ihre Produkte zum großen Teil selbst. Sie bevorzugen den direkten Weg und sind damit unabhängiger.

Bertram Martin, Bauer und Unternehmer aus Vorarlberg – für ihn ist VonHier „das beste Agrar-Modell Europas“

„Wir tun uns leicht, die Rinder zu vermarkten.“ Selbstbewusst steht auf der Internetseite des Hofes: „Weil es uns wichtig ist regional gewachsenes Fleisch auch regional zu vermarkten, nehmen wir ausschließlich Bestellungen aus Vorarlberg an.“ Wer derzeit bestellt, erhält Fleisch von Gustavson, Rika oder Rebekka. „Auf den Paketen steht immer der Name des Rinds, nicht nur ein Tracking-Code“, sagt Marketingfrau Claudia. „So bringen wir die Familien zum Miteinanderreden; die Kinder fragen beim Essen.“

Den Spielraum in der Vermarktung schafft sich die Familie bewusst: „Wir könnten alles an eine Zentrale geben, aber wir wollen uns nicht von Einzelnen abhängig machen.“ Aktuell beliefern Martins die regionalen, familiengeführten Lebensmittelketten Sutterlüty und Feneberg, dazu kleine Einzelhändler, Bäckereien, Kantinen, Krankenhäuser, … und, natürlich, viele Privatverbraucher. Allein die Internetseite zieht täglich hundert Besucher an, den Newsletter lesen derzeit mehr als tausend Abonnenten. Auch durch Öffentlichkeitsarbeit und Aktionen macht der Betrieb von sich reden – zum Beispiel mit den durchschnittlich acht bis zehn Hofführungen im Monat, von denen viele in der Presse besprochen werden. Oder mit der 2016 in Betrieb genommenen Photovoltaikanlage, die als Bürgerinitiative von Kunden finanziert wurde: Die Rück- und Zinszahlungen erfolgen über fünf Jahre, jedoch nicht mit Geld, sondern mit Martinshof-Produkten.

Was am Martinshof entsteht, kommt aus der Region und bleibt in der Region. „Nur so schaffen wir Stabilität. Für die Region. Für unsere Heimat“, sagt Bertram. „Ein paar Große bestimmen im Prinzip das Lebensmittelgeschäft. Gäbe es bei einem dieser Welternährer mal Probleme, dann wäre heute der durchschnittliche Supermarkt in drei Tagen leer.“ Mit Lebensmittelströmen kennt er sich aus: Es regt ihn auf, dass immer mehr Strukturen geschaffen werden, die eine Produktion und Vermarktung vor Ort zerstören. „Und da rede ich nicht von Afrika! Nehmen Sie das Vorarlberger Rheintal: Statt Ernährungssouveränität anzustreben, kleistern sie die Landschaft zu!“ Mit Industriebauten und Straßen.

Der Hofladen befindet sich im vorderen Teil der Halle für die Nudelproduktion. Gerade schließt Bertram die Tür auf und tritt ein. Die Sachlichkeit des Raumes vermittelt so gar nichts von rustikaler Stalltüratmosphäre: quadratischer Grundschnitt, weiße, drei Meter hohe Wände und viel Tageslicht. Hier geht es nicht um Bauernhof-Idylle, sondern um die Produkte, ganz ohne Schnickschnack. Der Laden spiegelt die Hofphilosophie: „g'hörig“ und transparent. „Wie viele verwässerte Siegel gibt es! Wenn man genau hinschaut, bleibt oft nur das Regionale übrig. Oder nicht einmal mehr das!“, ärgert sich Claudia. Nachhaltigkeit und Ökologie sollen bei diesen Marken zwar assoziiert werden, sind aber oft nicht enthalten.

Doch es gibt Konzepte, für die sich auch die Martins begeistern. „Bei VonHier muss man nicht nachdenken, das ist so klar und konsequent.“ Die regionale Bio-Marke aus dem benachbarten Allgäu hat Claudia und ihren Mann so überzeugt, dass sie seit 2009 einen Teil ihrer Bio-Dinkelnudeln dafür liefern. Bertram schwärmt vom „besten Agrar-Modell Europas“, während Claudia unterstreicht: „Wir passen zu VonHier. Da geht es nicht um Kohle und Gier, sondern darum, das Richtige zu tun.“ Bertram nickt jetzt ruhig, nachdenklich, während seine Frau noch stärkere Worte sucht. „Wie viele Menschen haben denn heute noch diesen Gerechtigkeitssinn: sich wirklich zu fragen, was ist in Ordnung und was nicht? Also ‚in Ordnung‘ nicht nur vor der Haustür, sondern überall, wo unser Handeln Auswirkungen hat.“ (FG)

Kurz und wichtig

- Bertram Martin hat von seinem Vater einen traditionellen Bauernhof in Vorarlberg übernommen. Gemeinsam mit seiner Frau Claudia entwickelte er den Milchviehbetrieb mit ursprünglich zwanzig Kühen weiter, in dem er zunächst Freilandhennen an den Hof holte. Später erweiterte er um die Produktion von Eierlikör und Ei-Nudeln sowie um eine eigene Dinkellagerung und -verarbeitung.
- Parallel bauten Martins lokale Partner-Netzwerke auf, mit Bauern, die nach Martinshof-Richtlinien arbeiten. Diese Eier- und Dinkellieferanten produzieren regional und es steht ihnen frei, ökologisch oder konventionell zu wirtschaften.
- Die Rinderhaltung haben die Martins beibehalten, in dem sie aus der Milchkuh- eine Mutterkuhherde machten und nun das Fleisch der Jungrinder als Bio-Heurindfleisch verkaufen.
- Ihr Produkte vermarktet die Familie selbst ohne Zwischenhändler: von den Eiern über die verschiedenen Sorten Dinkel-Ei-Nudeln und Dinkelmehl bis zum Rindfleisch.
- Die Familie arbeitet kontinuierlich an Verbesserungen im Sinne von Nachhaltigkeit und Umwelt, aktuell beim Verpackungsmaterial. Nicht zuletzt haben Martins ihren Betrieb komplett klimaneutral aufgestellt und zertifiziert.

Der Martinshof

Risar 36a, A-6960 Buch (Vorarlberg-Österreich)

Bäuerlicher Familienbetrieb mit gewerblicher Verarbeitung (Nudelproduktion) – biozertifiziert seit 2008 – Anbauverband: Bio-Austria

Betriebsorganisation

Grünland mit Mutterkuh- und Legehennenhaltung
Herstellung von Dinkelnudeln (mit Ei) aus Urdinkelsorten
Verarbeitung von Dinkelgetreide (60 Zulieferbetriebe) und Eiern (5 Zulieferbetriebe)

Landwirtschaftliche Nutzfläche

25 ha LN – Grünland; davon 8 ha Pacht
Weideauftrieb auf 2 Alpen

Viehhaltung

20 Mutterkühe + 40 Kälber und Jungrinder (werden als Bio-Heurinder vermarktet)
(Rasse Montafoner Braunvieh mit Einkreuzung von Blonde d'Aquitaine-Stieren)
2.600 Legehennen

Gebäude

Wohn- und Bürogebäude im Bregenzerwald-Stil
Laufstall mit Liegeboxen (Einstreu Dinkelspelzen) und Heulagerraum – Einbau in den alten Bauernhof
Neubau eines Legehennenstalles mit Wintergarten und 3,5 ha Auslauf
Neubau einer Halle zur Lagerung, Trocknung und Aufbereitung von Dinkelgetreide (450 t)
Neubau eines Produktionsraumes zur Erzeugung von Dinkelnudeln mit automatisierter Technik

Arbeitskräfte

12 AK (eigene und fremde) am Hof

Maschinen/Anlagen

2 Schlepper + die üblichen Grünlandmaschinen + Schrapperentmistung
Automatisierte Technik in den gesamten Produktionsräumen

Energiebereitstellung

Photovoltaik 100 KW + eigene Hackschnitzelanlage
„Der Martinshof arbeitet klimaneutral"

Vermarktung

Dinkelnudeln mit Ei in die Marke VonHier (10 Sorten) – alle Bioland Deutschland zertifiziert
Der größere Teil der Dinkelnudeln geht an die Vorarlberger Supermarktkette Sutterlüty, an Gastronomie, Bäckereien, Dorfläden und in den eigenen Dorfladen.
Das Bio-Heurindfleisch wird direkt vermarktet.

Was will dieses Buch sagen

Es gibt einen Weg jenseits der aktuellen Entwicklung der Landwirtschaft. Einen Weg, der sich rechnet, der Vielfalt bewahrt und der die Umwelt schont. Kleine Betriebe bleiben erhalten und arbeiten rentabel. Größere Betriebe erfahren eine neue Freiheit in den Möglichkeiten ihrer unternehmerischen Entwicklung – jenseits der Zwänge des „Immer mehr und immer schneller".

Alle Unternehmen im VonHier-Modell erzeugen regionale Produkte in Bioqualität. Für ihre Arbeit bekommen sie einen fairen Lohn, weil das, was sie tun, in unserer Gesellschaft nicht nur auf positive Resonanz, sondern auf echtes, großes Interesse stößt und auf eine rege Nachfrage.

Der Handel erzeugt mit diesen Produkten attraktive Umsätze und erfährt einen besonderen Imagegewinn.

VonHier bedeutet Arbeit, ja. Aber was hier geschieht, macht Freude und ist zukunftsweisend. Das Projekt vernetzt, es bringt Gleichgesinnte zusammen und stößt neue Entwicklungen an. VonHier hat eine starke Innovationskraft: Es ist Motor der regionalen Entwicklung, aber auch der Forschung im Landbau.

Aus einem vorsichtigen Anfang ist im Laufe von 20 Jahren das erfolgreiche Modell einer anderen Landwirtschaft entstanden. Das Wissen und die Erfahrung aus dieser Zeit möchten wir weitergeben. Wir möchten Mut machen und anstiften.

Initiator eines solchen Modells muss der professionelle Lebensmittelhandel sein, vertraglich verbunden mit den landwirtschaftlichen Betrieben und den verarbeitenden Unternehmungen. In den Verträgen sind die regional-ökologischen Produktionsbedingungen festzulegen, ebenso die an Aufwand, Kosten und Markt orientierten Preise sowie die Kontrollen. Steter Austausch und individuelle Beratung sind genauso wichtig wie gegenseitiges Verständnis und Wertschätzung.

Die Umsetzung des Projektes muss mit Konsequenz – mit größter Konsequenz – erfolgen. Nur dann ist eine wachsende Kundschaft bereit, die erhöhten Kosten mitzutragen.

Doch es lohnt sich: Es entsteht eine Win-win-win-Situation für Mensch, Tier und Umwelt.

Das Erfolgsmodell VonHier aus dem schwäbisch-bayerischen Raum soll kein Einzelfall bleiben. Es kann in vielen Regionen Europas umgesetzt werden.

Danke

Ein Dankeschön an alle, die dazu beigetragen haben, dass dieses Buch entstehen konnte!

– Danke an die VonHier-Bäuerinnen und Bauern sowie die Verarbeitungsbetriebe: für ihr Engagement und ihren Idealismus, für ihren Mut und ihre Hartnäckigkeit, für die intensive Partnerschaft und ihr Vertrauen.

Ein zusätzliches Dankeschön an die Betriebe in diesem Buch für die tiefen Einblicke, die sie uns in ihre Arbeit gewährt haben und für die Zeit, die sie für uns und das Buchprojekt aufgebracht haben.

– Danke an die Mitarbeiterinnen und Mitarbeiter der Firma Feneberg: für ihre Aufgeschlossenheit und Empathie, für ihre Zuverlässigkeit und Beharrlichkeit, für ihre Ideen und fürs Dranbleiben.

– Mein Dank gilt auch den VonHier-Kundinnen und Kunden, die bis jetzt bereit waren und hoffentlich auch in der Zukunft bereit sind, die besonderen Leistungen unserer Bauern zu entlohnen.

– Vielen Dank zudem an das Buchteam, das mich von den ersten Gedanken bis zum fertigen Buch begleitet hat: Marc Brandner und sein Grafikbüro, die Fotografin Anna Feneberg sowie die beiden Autorinnen Sabine Eichhorst und Friederike Grözinger und die Lektorin Ingra Orthober.

Ernst Wirthensohn

Autoren
Ernst Wirthensohn, Buchenberg (EW)
Sabine Eichhorst, Sauerlach (SE)
Friederike Grözinger, Blaichach (FG)

Fotos
alle Anna Feneberg, Buchenberg
außer:
S. 76, Markus Zapf
S. 108, Juliane Dentler
S. 134, Ralf Lienert
S. 152, Martin Huber

Gestaltung
grafikbüro brandner, Leutkirch im Allgäu

Lektorat
Ingra Orthober, Bad Saulgau

Druck
Druckerei Marquart, Aulendorf

Verlag
Brack Verlag GmbH, 87452 Altusried
www.brack-verlag.de

ISBN 978-3-86389-038-4

Bibliografische Information der Deutschen Nationalbibliothek:
Die Deutsche Nationalbibliothek verzeichnet diese Publikation in der Deutschen Nationalbibliographie; detaillierte bibliographische Daten sind im Internet über http://dnb.d-nb.de abrufbar.

hmilchkäse
ener Erzeugung
HOFLÄDLE